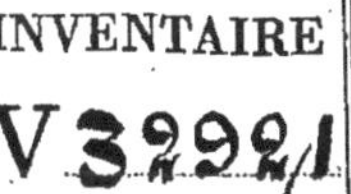
INVENTAIRE
V 3292/1

TRAITÉ D'ARITHMÉTIQUE

A L'USAGE DES ASPIRANTS

AUX ÉCOLES DU GOUVERNEMENT

PAR

J. BOURGET

Ancien élève de l'École normale, agrégé de l'Université, docteur ès sciences directeur des études à l'École préparatoire de Sainte-Barbe

ET

CH. HOUSEL

Professeur, ancien élève de l'École normale

PARIS

LIBRAIRIE HACHETTE ET Cie

79, BOULEVARD SAINT-GERMAIN, 79

1873

TRAITÉ

D'ARITHMÉTIQUE

V 32921

PARIS. — IMP. SIMON RAÇON ET COMP., RUE D'ERFURTH, 1.

TRAITÉ
D'ARITHMÉTIQUE

A L'USAGE DES ASPIRANTS

AUX ÉCOLES DU GOUVERNEMENT

PAR

J. BOURGET

Ancien élève de l'École normale, agrégé de l'Université, docteur ès sciences
directeur des études à l'École préparatoire de Sainte-Barbe

ET

CH. HOUSEL

Professeur, ancien élève de l'École normale

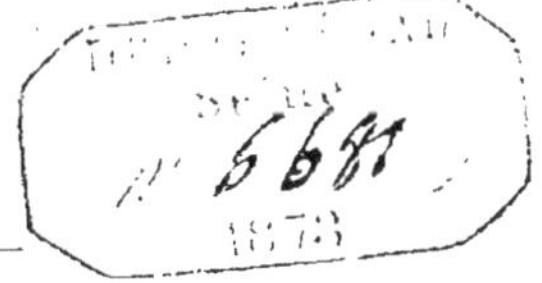

PARIS

LIBRAIRIE HACHETTE ET Cie

79, BOULEVARD SAINT-GERMAIN, 79

1873

Droits de traduction et de reproduction réservés

PRÉFACE

L'enseignement de l'arithmétique doit varier de caractère suivant le degré d'instruction mathématique des élèves, et aussi suivant le but que ces élèves se proposent d'atteindre. On comprend donc que les traités sur cette matière soient nombreux et très-différents.

Dans celui-ci, nous nous adressons spécialement aux candidats aux écoles du gouvernement, et nous les supposons familiarisés déjà avec les règles les plus importantes du calcul et les premiers principes de la théorie des opérations. Pour ces candidats, l'arithmétique est comme un premier chapitre de l'algèbre; les définitions doivent être rapidement données au point de vue général des nombres entiers, fractionnaires ou incommensurables. D'un autre côté, il faut que les démonstrations soient rigoureuses et que les vérités élémentaires sur lesquelles on s'appuie soient mises dans toute leur évidence philosophique.

Nous avons pensé que nous atteindrions ce but en divisant notre ouvrage par livres et par théorèmes. Ce mode de distribution, dès longtemps adopté par les géomètres, met la série logique des propositions plus en relief et permet au lecteur de s'arrêter ou de reprendre son étude avec plus d'ordre.

Nous généralisons les définitions et nous introduisons les fractions presque au début du cours. Cette méthode nous permet, comme on le verra, d'exposer immédiatement les propriétés des sommes, des différences, des produits et des quotients dans toute leur étendue.

La théorie de la division peut dès lors être présentée, sans restriction, comme ayant pour objet la recherche du second facteur d'un produit donné dont on connaît un premier facteur.

Nous appelons *commutativité*, *associativité*, *distributivité*, trois propriétés importantes des nombres d'où dérivent toutes celles des sommes et des produits, par suite celles des différences et des quotients. Nous attirons sur ces propriétés l'attention des élèves pour préparer leur esprit aux généralisations de l'algèbre. Dans cette science abstraite des symboles de calcul, il est facile de démontrer que les règles dépendent uniquement des propriétés des opérations et nullement de l'objet concret auquel elles s'appliquent : toute opération qui sera comme l'addition commutative et associative, conduira exactement aux mêmes règles que l'addition, de telle sorte que si l'on donne symboliquement à cette opération le nom d'addition, tous les énoncés établis en arithmétique subsisteront littéralement pour cette opération.

Le livre des diviseurs, des nombres premiers et celui des racines ont été particulièrement l'objet de nos soins, et ils ont reçu toute l'extension que comporte leur importance relative dans les examens. En nous servant d'un théorème de Gauss, nous avons pu traiter des nombres premiers sans nous appuyer sur la théorie du plus grand commun diviseur ; nous arrivons donc aux théorèmes du plus petit commun multiple, du plus grand commun diviseur de plusieurs nombres par deux chemins différents et indépendants.

Les méthodes abrégées pour l'extraction des racines carrées et cubiques sont présentées sous un jour nouveau et comme de simples généralisations de la méthode habituellement employée et fondée sur le partage de la racine en deux parties. Nous avons emprunté à M. Briot l'idée fondamentale de cette théorie.

L'étude des fractions indéfinies, périodiques ou non périodiques, des racines incommensurables, des approximations numériques, a été faite non-seulement au point de vue de la rigueur des démonstrations, mais encore au point de vue des applications aux sciences d'observation. Il importe de donner de bonne heure aux élèves cette notion fort simple et pourtant fort peu répandue, que les évaluations numériques, dans les sciences d'observation, ne sont susceptibles que d'une approximation restreinte; que, par suite, il faut appliquer à ces nombres des procédés de calcul rationnels faisant connaître seulement les chiffres certains du résultat cherché, ou seulement ceux que l'expérience peut atteindre.

Nous avons exposé très-brièvement tout ce qui se rattache au système métrique et aux problèmes appelés règles de trois, d'intérêt, d'escompte, d'alliage, etc... Nous regardons ce livre comme un simple appendice renfermant les méthodes à suivre pour résoudre quelques problèmes usuels. Chaque lecteur peut à son gré varier et multiplier ces applications du calcul arithmétique.

Paris, 18 juillet 1875.

J. BOURGET, HOUSEL.

TRAITÉ
D'ARITHMÉTIQUE

LIVRE PREMIER

INTRODUCTION

1. — NOTIONS PRÉLIMINAIRES.

1. Nombre. — L'*unité*, la *pluralité*, le *nombre* sont des notions simples que nous ne définissons pas. Ces notions nous viennent de la considération simultanée d'objets distincts et séparés, ou de la décomposition d'une grandeur continue en parties égales.

2. Addition, soustraction. — La notion du nombre est inséparable de l'idée d'augmentation ou de diminution des nombres par unités successives. Augmenter un nombre d'un certain nombre d'unités, c'est ce que l'on nomme faire l'*addition* de ce nombre d'unités; diminuer un nombre d'un certain nombre d'unités, c'est faire la *soustraction* de ce nombre d'unités.

3. Compter. — On forme la série des nombres mentalement en imaginant qu'à une unité on additionne une autre unité, qu'au groupe formé on ajoute une unité nouvelle, et ainsi de suite indéfiniment. Cette opération s'effectuerait matériellement en jetant successivement des boules dans une urne, ou bien en plaçant successivement des cartes les unes au-dessus des autres. Former les nombres successifs et en même temps les nommer, c'est ce qu'on appelle *compter*.

4. Série des nombres. — La série des nombres est évidemment illimitée, car à un groupe d'unités on peut toujours imaginer qu'on ajoute une unité nouvelle.

5. But de l'arithmétique. — On peut combiner les nombres de différentes manières; l'arithmétique a pour objet la résolution de divers problèmes auxquels conduisent ces diverses combinaisons.

§ 2. — NOMENCLATURE DES NOMBRES. NUMÉRATION PARLÉE.

6. Nomenclature des nombres. — La série des nombres en usage soit dans les applications des sciences, soit dans les relations commerciales, étant considérable, il est impossible de donner un nom particulier à chaque nombre. Les peuples ont donc été conduits instinctivement à la solution du problème suivant :

Nommer tous les nombres en usage à l'aide d'un très-petit nombre de mots.

Voici comment ce problème est résolu dans notre langue.

On a donné d'abord un nom particulier aux premiers nombres : *un*, *deux*, *trois*, *quatre*, *cinq*, *six*, *sept*, *huit*, *neuf*, *dix* ou *dizaine*.

La dizaine a été regardée comme une unité nouvelle et l'on a compté par dizaines comme par unités simples : *dix*, *deux dix*, *trois dix*, *quatre dix*, *cinq dix*, *six dix*, *sept dix*, *huit dix*, *neuf dix*, *dix dix* ou *cent*. Pour nommer un nombre qui contient sept dizaines et moins de dix unités, cinq par exemple, on énonce ce dernier nombre à la suite du premier, et l'on dit :

Sept dix, *cinq* unités.

On regarde le groupe de dix dizaines ou *cent* comme une nouvelle unité et l'on compte par centaines comme par unités simples, en disant :

Cent, deux cents, trois cents..... neuf cents,
dix cents ou *mille.*

Si le nombre renferme, outre des centaines, des unités en nombre moindre que cent, on les nomme à la suite du nombre des centaines et l'on dit, par exemple,

quatre cents; *sept dix*, *cinq* unités.

Le groupe de dix centaines ou *mille* est regardé comme une nouvelle *classe* d'unités, et l'on compte par mille comme par unités simples, jusqu'à mille mille que l'on appelle *million.* Si, avec des mille, le nombre renferme des unités, en nombre moindre que mille, on les nomme à la suite des mille.

On traite le groupe des *millions* comme le groupe des mille et l'on compte aussi jusqu'à mille millions, groupe que l'on appelle *billion* ou *milliard.*

On pourrait opérer sur les *billions* comme sur les millions ou sur les mille, et l'on compterait jusqu'à mille billions; ce groupe recevrait par analogie le nom de *trillion.*

Si l'on considère que la circonférence de la terre contient seulement quarante millions de mètres et qu'il ne faudrait pas plus de vingt milliards de pièces de vingt francs juxtaposées pour en faire le tour, on sera convaincu que, dans les applications de la science et dans les relations commerciales, on n'aura jamais à parler de trillions, de quatrillions, etc.

7. Noms nécessaires. — On voit, par notre analyse, qu'il suffirait des quatorze noms suivants :

Un, deux, trois, quatre, cinq, six, sept, huit, neuf, dix,
cent, mille, million, milliard,

pour nommer tous les nombres usités.

8. Exceptions. — Certains nombres, fréquemment employés, ont reçu des noms particuliers : ce sont des exceptions aux règles que nous avons données. En voici la liste :

onze	au lieu de	*dix un*,	*vingt*	au lieu de	*deux dix*,
douze	—	*dix deux*,	*trente*	—	*trois dix*,
treize	—	*dix trois*,	*quarante*	—	*quatre dix*,
quatorze	—	*dix quatre*,	*cinquante*	—	*cinq dix*,
quinze	—	*dix cinq*,	*soixante*	—	*six dix*,
seize	—	*dix six*,	*septante*	—	*sept dix*,
			octante	—	*huit dix*,
			nonante	—	*neuf dix*.

Un usage fâcheux a fait substituer

au mot :	*septante*	les mots :	*soixante et dix;*
—	*octante*	—	*quatre-vingts ;*
—	*nonante*	—	*quatre-vingt-dix*.

9. Ordres et classes d'unités. — En réfléchissant sur l'ensemble de la nomenclature des nombres, on voit qu'en résumé on a groupé les unités en *classes* valant chacune mille unités de la classe précédente, puis divisé chaque classe en trois *ordres* d'unités, valant chacun dix unités de l'ordre précédent. Le tableau suivant montre immédiatement ce mode de composition de la série des nombres :

1re classe. .	Unités simples. . . .	1er ordre.
	Dizaine d'unités . . .	2e —
	Centaine d'unités . .	3e —
2e classe. . .	Mille	4e ordre.
	Dizaine de mille . . .	5e —
	Centaine de mille . .	6e —
3e classe. . .	Million	7e ordre.
	Dizaine de millions. .	8e —
	Centaine de millions .	9e —
4e classe. . .	Milliard.	10e ordre.
	Dizaine de milliards.	11e —
	Centaine de milliards.	12e —

Remarquons enfin que dix unités d'un ordre valant une unité de l'ordre immédiatement supérieur, il s'ensuit qu'un nombre quelconque est formé d'unités de divers ordres, et qu'il ne renferme jamais plus de neuf unités de chaque ordre.

§ 3. — NUMÉRATION ÉCRITE. CHIFFRES.

10. Chiffres. — On écrit les nombres d'une manière simple et abrégée au moyen de dix caractères et d'une convention.

Les dix caractères, appelés *chiffres*, sont les suivants :

1	qui signifie	*un*,	6	qui signifie	*six*,
2	—	*deux*,	7	—	*sept*,
3	—	*trois*,	8	—	*huit*,
4	—	*quatre*,	9	—	*neuf*,
5	—	*cinq*,	0	(zéro) qui ne représ.	rien.

11. Convention de la numération décimale. — Cette convention est celle-ci :

Tout chiffre placé à la gauche d'un autre représente des unités de l'ordre immédiatement supérieur.

D'après cela on voit que, si l'on écrit sur une ligne horizontale une série de chiffres quelconques,

le *premier*	chiffre	à droite représ. des	*unités simples*,
le *second*	—	—	*dizaines*,
le *troisième*	—	—	*centaines*,
le *quatrième*	—	—	*mille*,
le *cinquième*	—	—	*dizaines de mille*,
le *sixième*	—	—	*centaines de mille*,
le *septième*	—	—	*millions*,
le *huitième*	—	—	*dizaines de millions*,
le *neuvième*	—	—	*centaines de millions*,
le *dixième*	—	—	*milliards*.

Le rang de chaque ordre d'unités sera donc déterminé et il est facile de le retenir.

De ces principes on tire quelques conséquences importantes que nous allons faire connaître.

12. Problème I. — *Écrire en chiffres un nombre énoncé.*

Le nombre des unités de chaque ordre contenu dans le nombre ne dépassant jamais *neuf*, nous avons un caractère pour l'écrire. Il suffit ensuite de le mettre au rang qui convient à son nom (**11**). S'il manque des ordres d'unités, on met des zéros pour en tenir la place. Cette écriture des nombres est facilitée par l'énoncé même qui partage les unités en classes ; de telle sorte que l'on est ramené à écrire séparément les unités de chaque classe, c'est-à-dire des nombres de trois chiffres au plus.

Ex. . écrire en chiffres :

Trois milliards, cinquante-six millions, trois cent quarante mille, vingt-sept unités.

En suivant les indications ci-dessus, on obtiendra ·

3.056.340.027.

On peut employer, avec avantage, un point pour séparer les classes.

13. Problème II. — *Énoncer un nombre écrit en chiffres.*

Si, au moyen d'un point, on partage le nombre en tranches de trois chiffres, en allant de droite à gauche, les classes d'unités seront séparées. On énoncera alors chaque classe isolément, en commençant par la gauche. On sera ramené chaque fois à énoncer un nombre de trois chiffres au plus. La dernière tranche à gauche peut n'avoir qu'un ou deux chiffres.

Nous remarquerons qu'à partir d'un chiffre quelconque toute la partie du nombre située à gauche représente un nombre qu'on peut énoncer à part ; donc on peut, si on le veut, partager un nombre en plusieurs parties qu'on énoncera séparément. Par exemple, le nombre ci-dessus peut être énoncé :

30563 centaines de mille et 40027 unités.

14. Théorème. — *Si l'on écrit 1, 2, 3... zéros à la droite d'un nombre, on le rend 10, 100, 1,000... fois plus grand.*

Soient les deux nombres

365 36500.

Le second peut s'énoncer (**13**)

365 centaines.

Le nombre des unités comptées est donc le même que dans le premier nombre ; mais chaque centaine vaut cent unités simples : on aura donc dans le second cas cent fois plus d'unités simples que dans le premier. La valeur du second nombre est donc cent fois plus grande que celle du premier.

Inversement, on rend un nombre 10, 100... fois plus petit en supprimant 1, 2... zéros à sa droite, quand cela est possible.

§ 4. — ÉVALUATION DES GRANDEURS CONCRÈTES AU MOYEN DES NOMBRES ; NOMBRES FRACTIONNAIRES.

15. Mesure des grandeurs. — Si une grandeur continue, une ligne droite par exemple, est divisée en parties égales, on se fera une idée nette de la grandeur en *comptant le nombre des parties* qui la composent, à la condition toutefois que l'on ait une idée nette de la partie aliquote.

On voit que, pour se faire une idée d'une grandeur continue, on la compare à une autre de *même espèce*. Cette dernière se nomme *unité*.

Le nombre qui exprime combien de fois la grandeur contient l'unité s'appelle la *mesure* de la grandeur.

Les nombres peuvent donc servir à *mesurer* les grandeurs continues, tout aussi bien qu'à évaluer les collections d'objets naturellement distincts.

16. Fractions. — Il peut arriver que la partie aliquote d'une grandeur soit elle-même une partie aliquote de l'unité habituellement choisie. Par exemple, il peut se faire qu'une longueur contienne 7 parties et que cette partie soit elle-même le 10ᵉ du mètre, unité habituellement prise pour mesurer les longueurs. Dans ce cas, il ne suffira pas de dire que la grandeur vaut 7 pour s'en faire une idée, il faudra évidemment encore dire ce qu'est la partie aliquote comptée, relativement au mètre. Deux nombres, deux *termes*, sont donc nécessaires pour faire connaître la grandeur :

L'un, le *numérateur*, indiquera le nombre des parties comptées, 7.

L'autre, le *dénominateur*, indiquera en combien de parties égales l'unité a été divisée, et par suite la nature de la partie aliquote, qui sert d'*unité secondaire ;* ici ce sera 10.

On écrit l'ensemble ainsi :

$$\frac{7}{10}$$

et l'on énonce ce nombre en disant :

7 dixièmes.

$\frac{7}{10}$ se nomme une *fraction*, un *nombre fractionnaire*. Par opposition, on appelle nombre *entier* celui qui indique un nombre d'unités entières.

Si nous regardons la partie aliquote de l'unité comme l'unité principale, le *nombre fractionnaire est un nombre entier* de ces unités, marqué par le numérateur.

17. Valeur d'un nombre. — On nomme *valeur* d'un nombre la *grandeur* à laquelle il sert de mesure. Comme un même nombre peut servir de mesure à une infinité de grandeurs concrètes, nous passerons sous silence le nom des grandeurs que chacun pourra se figurer, chaque fois qu'il sera question de la valeur d'un nombre. Ce qu'il y a de plus simple, c'est de prendre toujours la ligne droite comme mode de représentation.

La *valeur* d'un nombre ne dépend pas uniquement du nombre des unités comptées, elle dépend encore de la *valeur* de *l'unité secondaire*, relativement à *l'unité principale* qui est une grandeur fixe. En d'autres termes, la valeur d'un nombre dépend du *numérateur* et du *dénominateur*.

§ 5. — FRACTIONS DÉCIMALES.

18. Génération des fractions décimales ; numération. — Supposons l'unité divisée en dix parties égales, chacune s'appellera *dixième*. Divisons chaque dixième en dix parties égales, l'unité contiendra dix fois dix ou *cent* de ces nouvelles parties ; chacune s'appellera donc *centième*. Si nous divisons de même chaque centième en dix parties égales, chacune des parties portera le nom de *millième*, puisque l'unité en contiendra mille ; on peut continuer indéfiniment cette opération. On obtient ainsi des parties aliquotes de l'unité de dix en dix fois plus faibles : ce sont les *fractions décimales* de l'unité.

Écrivons les uns au-dessous des autres les noms de l'unité et des diverses parties aliquotes décimales de l'unité :

1 — unité.	1 — unité.
2 — dixième.	2 — dizaine.
3 — centième.	3 — centaine.
4 — millième.	4 — mille.
5 — dix-millième.	5 — dix-mille.
6 — cent-millième.	6 — cent-mille.
7 — millionième.	7 — million.
8 — dix-millionième.	8 — dix millions.
. . . .	. . . .

puis en regard les unités des divers ordres. Nous voyons immédiatement que les parties aliquotes décimales de l'unité et les diverses unités d'ordres supérieurs de même rang, *en partant de l'unité principale*, ont des noms analogues.

De ce que nous venons de dire résultent plusieurs conséquences :

1° On peut nommer immédiatement une partie décimale de l'unité, quand on connaît son rang, et réciproquement. Le rang se compte à partir de l'unité inclusivement.

2° Les parties décimales de l'unité peuvent être regardées comme des unités d'ordre inférieur, relativement à l'unité principale.

3° Une série de chiffres étant écrite sur une ligne horizontale,

123456789,

si l'un d'eux, 5 par exemple, représente des unités principales, alors les chiffres à gauche représenteront des unités de divers ordres supérieures à l'unité principale, et les chiffres à droite des unités de divers ordres inférieures à l'unité principale. De plus les unités de même rang à gauche et à droite auront des noms analogues.

4° Quel que soit le chiffre que l'on considère dans une pareille série, les chiffres situés à gauche représentent des *dizaines*, des *centaines*, des *mille*, etc... relativement à l'unité considérée.

5° Pour distinguer dans la série des chiffres écrits celui qui représente des unités principales, il faut un signe. On a adopté une virgule, que l'on écrit à droite de ce chiffre.

Ces préliminaires posés, il est facile de résoudre les problèmes suivants.

19. Problème I. — *Un nombre décimal étant écrit, l'énoncer en langage ordinaire.*

Soit, par exemple,

365,234567.

1° Ce nombre peut être regardé comme un nombre entier

d'unités représentées par son dernier chiffre à droite, comme un nombre entier de *millionièmes*. On peut donc l'énoncer comme un nombre entier en disant à la suite le nom des unités du dernier chiffre à droite.

2° Habituellement on énonce à part la partie entière, puis la partie fractionnaire. Chacune est un nombre entier de certaines unités.

3° On pourrait partager le nombre en un plus grand nombre de parties que l'on énoncerait chacune comme un nombre entier.

20. Problème II. — *Écrire une fraction décimale énoncée.*

On l'écrit comme un nombre entier, d'après l'énoncé même ; on met ensuite, au moyen de la virgule, le dernier chiffre au rang qui convient à son nom.

21. Problème III. — *Écrire une fraction décimale sous forme de fraction ordinaire.*

Il suffit de l'énoncer d'abord en totalité comme un nombre entier ; on voit immédiatement alors que le numérateur est le nombre qu'on obtient en effaçant la virgule, et que le dénominateur est l'unité suivie d'autant de zéros qu'il y a de chiffres décimaux après la virgule.

On peut aussi, en s'appuyant sur les propriétés fondamentales des fractions décimales, démontrer les théorèmes suivants, qui sont d'un fréquent usage.

22. Théorème I. — *On rend une fraction décimale* 10, 100... *fois plus grande, en avançant la virgule de* 1, 2... *rangs vers la droite.*

En effet, si l'on énonce le nombre en totalité, on voit que l'on comptera toujours le même nombre d'unités ; mais ces unités ne seront plus les mêmes, elles seront 10, 100 ... fois plus grandes.

Corollaire. — On rend la valeur d'une fraction décimale 10, 100 ... fois plus faible, en reculant la virgule de 1, 2 ... rangs vers la gauche.

23. Théorème II. — *On ne change pas la valeur d'une*

fraction décimale en écrivant à sa droite des zéros en nombre quelconque.

En effet, les diverses parties du nombre restent les mêmes, et l'on n'en ajoute pas de nouvelles.

§ 6. — DÉFINITIONS DES OPÉRATIONS FONDAMENTALES.

24. Addition. — Pour indiquer l'addition d'un nombre à un autre, on se sert du signe + (plus).

Ex. : 7 + 3 veut dire 7 augmenté de 3, ou 7 plus 3 unités.

L'expression

$$7+6+4+\frac{2}{5}+8$$

veut dire

Qu'à 7 on ajoute 6, puis qu'au résultat on ajoute 4, puis qu'au résultat on ajoute $\frac{2}{5}$, puis qu'au résultat on ajoute 8.

On se sert souvent d'une parenthèse pour indiquer un résultat d'opérations ; d'après cela, on peut écrire l'expression ci-dessus des diverses façons suivantes :

$$(7+6)+4+\frac{2}{5}+8,$$
$$(7+6+4)+\frac{2}{5}+8,$$
$$\left(7+6+4+\frac{2}{5}\right)+8;$$

toutes ces expressions représentent exactement la même chose.

25. Soustraction. — La soustraction est une opération fondamentale dont l'idée est liée intimement à celle du nombre, comme l'idée d'addition. Toutefois, pour ne pas multiplier les notions indéfinissables, nous la rattacherons à celle de l'addition et nous dirons :

La soustraction est l'opération inverse de l'addition; elle résout le problème suivant : Étant donnée la somme de deux nombres et l'un d'eux, trouver l'autre.

Le résultat s'appelle indifféremment *reste*, *excès* ou *différence*.

La soustraction s'indique par le signe $-$ (moins). Ainsi

$$7-5$$

signifie

7 diminué de 5, ou 5 soustrait de 7, ou le nombre qui ajouté à 5 donnerait pour somme 7.

Désignons par a le premier nombre dont on soustrait, par b le plus petit que l'on soustrait, par c le reste obtenu; nous aurons, par définition des signes,

$$a-b=c,$$

et, *d'après la définition du reste* c, cette égalité équivaut à cette autre

$$a=b+c,$$

puisque, par définition, c est le nombre qu'il faut ajouter à b pour avoir a.

Les nombres a, b, c peuvent être entiers ou fractionnaires.

26. Multiplication. — Répéter 5 fois, par exemple, un nombre 7, rendre 5 fois plus grand un nombre 7, *multiplier* 7 par 5, sont des expressions synonymes. Elles indiquent la somme de 5 nombres égaux à 7.

Généralement, *multiplier* un nombre quelconque a par un nombre entier b, c'est faire la somme de b nombres égaux à a.

27. Division. — Rendre 5 fois plus petit un nombre, 35 par exemple, prendre la 5e partie de 35, *diviser* 35 par 5, sont des expressions synonymes, indiquant une opération inverse de la précédente, qui consiste à partager le groupe de 35 unités en 5 groupes égaux et à prendre l'un de ces groupes.

Généralement, *diviser* un nombre quelconque a par un nombre entier 5, c'est prendre la 5e partie de a.

La 5e partie de a se reconnaît par ce caractère que, répétée 5 fois, elle donne a.

§ 7. — AXIOMES FONDAMENTAUX DE L'ARITHMÉTIQUE.

On nomme *axiomes* des principes que l'on regarde comme évidents et qui servent à démontrer les autres vérités moins évidentes. Voici ceux que nous invoquerons :

28. Axiome I. — *Deux nombres égaux à un troisième sont égaux entre eux.*

29. Axiome II. — *Si deux nombres sont égaux, en les augmentant ou en les diminuant d'un même nombre, on obtient des résultats égaux.*

30. Axiome III. — COMMUTATIVITÉ. — *La somme de deux nombres entiers ne change pas quand on change l'ordre de ces nombres.*

Ce principe est encore évident pour deux fractions de même dénominateur, puisqu'on peut les considérer comme des nombres entiers d'une même unité.

31. Axiome IV. — ASSOCIATIVITÉ. — *Au lieu d'ajouter la somme faite de deux nombres entiers, on peut ajouter successivement ces deux nombres.*

En d'autres termes : $a + (b + c) = a + b + c$; a, b, c étant des nombres entiers.

Ce principe est encore évident pour des fractions de même dénominateur*.

§ 8. — TRANSFORMATION DES NOMBRES ENTIERS ET FRACTIONNAIRES.

PROPOSITION I.

32. Théorème. — *Le produit de deux nombres entiers est commutatif; en d'autres termes, 3 fois 4 unités donnent le même nombre que 4 fois 3 unités; en d'autres termes*

$$4^u \times 3 = 3^u \times 4,$$

$\times$ *signifiant* multiplié par.

* On pourrait regarder ces deux derniers axiomes comme des corollaires de celui-ci : un groupe d'unités étant donné, on peut, sans changer le nombre, le décomposer en deux ou plusieurs autres groupes.

En effet, formons le tableau suivant

1	1	1	1
1	1	1	1
1	1	1	1

Considéré par lignes horizontales, il représente le nombre de 4 unités répété 3 fois; considéré par lignes verticales, il représente le nombre de 3 unités répété 4 fois.

Remarquons que le mot *unité* s'applique à un objet, à une quantité quelconque.

PROPOSITION II.

33. Théorème. — *On rend une fraction* 2, 3... *fois plus grande, en rendant son numérateur* 2, 3... *fois plus grand.*

En effet, le dénominateur ne changeant pas, les unités comptées sont les mêmes, et l'on en prend un nombre 2, 3... fois plus grand.

Corollaire. — On rend un nombre fractionnaire 2, 3... fois plus petit, en rendant son numérateur 2, 3... fois plus petit, quand cela est possible.

PROPOSITION III.

34. Théorème. — *On rend une fraction* 2, 3... *fois plus petite en rendant son dénominateur* 2, 3... *fois plus grand.*

En effet, comparons les deux fractions

$$\frac{7}{8} \quad \frac{7}{24}$$

Le dénominateur de la seconde est 3 fois plus grand que celui de la première; par conséquent, l'unité a été divisée en 3 fois plus de parties; par suite, chaque partie aliquote de l'unité est 3 fois moindre. On en compte le même nombre que dans le premier cas, par suite la valeur de la seconde fraction est 3 fois plus petite que la valeur de la première.

Corollaire 1. — On rend un nombre fractionnaire 2, 3...

fois plus grand, en rendant son dénominateur 2, 3... fois moindre quand cela est possible.

COROLLAIRE 2. — On rend une fraction décimale 10, 100 fois plus grande en avançant la virgule de 1, 2... rangs vers la droite (**21**).

PROPOSITION IV.

35. Théorème. — *On ne change pas la valeur d'une fraction en rendant ses deux termes le même nombre de fois plus grands.*

En effet, si l'on rend d'abord le numérateur 3 fois plus grand, sans toucher au dénominateur, la fraction devient 3 fois plus grande (**33**). Si maintenant nous rendons le dénominateur de la nouvelle fraction 3 fois plus grand, sans toucher au numérateur, nous rendons cette fraction 3 fois plus petite; donc nous retombons sur la fraction primitive.

COROLLAIRE 1. — On ne change pas la valeur d'une fraction en rendant ses deux termes le même nombre de fois plus petits, quand cela est possible.

COROLLAIRE 2. — Une fraction décimale ne change pas, si l'on écrit des zéros à sa droite (**21**).

COROLLAIRE 3. — On peut aussi, sans changer sa valeur, réduire un nombre entier en fraction de dénominateur donné. Soit, par exemple, 3 unités à réduire en *quarts*. Nous dirons : *une* unité vaut 4 quarts, donc 3 unités vaudront 3 fois 4 quarts. D'où

$$3=\frac{4.3}{4} \quad \text{ou} \quad \frac{3.4}{4} \quad \text{ou} \quad \frac{3.4}{1.4}$$

Donc, si l'on met 3 sous la forme $\frac{3}{1}$, cette réduction en quarts revient au principe énoncé dans le théorème.

Il est souvent commode de considérer un nombre entier comme une fraction de dénominateur 1. Le sens de la notation des fractions permet de le faire ; car le dénominateur 1 indique que l'unité est prise tout entière et qu'on la répète 3 fois.

PROPOSITION V.

36. Théorème. — *On peut réduire au même dénominateur deux ou plusieurs fractions.*

Soient deux fractions quelconques

$$\frac{2}{3} \quad \frac{4}{7}$$

Multiplions les deux termes de $\frac{2}{3}$ par 7 et les deux termes de $\frac{4}{7}$ par 3, nous aurons les deux nouvelles fractions

$$\frac{2.7}{3.7} \quad \frac{4.3}{7.3}$$

Elles seront respectivement égales aux premières (**35**), et les dénominateurs seront les mêmes (**32**).

Corollaire 1. — On peut aussi réduire au même dénominateur plusieurs fractions. On applique le procédé précédent aux deux premières, puis on réduit, par le même procédé, au même dénominateur les deux fractions résultantes et la troisième ; puis les trois fractions résultantes et la quatrième ; ainsi de suite. Nous verrons plus tard les détails des calculs ; il nous suffit pour le moment de montrer la possibilité de cette réduction.

Corollaire 2. — D'après cela, on voit que deux ou plusieurs fractions d'une même unité peuvent être regardées comme des nombres entiers d'une même partie aliquote de cette unité principale. Ainsi $\frac{2}{3}$ et $\frac{4}{7}$ peuvent être regardés comme étant des nombres entiers de *vingt et unièmes* d'unité.

PROPOSITION VI.

37. Théorème. — *L'addition des nombres fractionnaires est, comme l'addition des nombres entiers, commutative et associative. — En d'autres termes, a, b, c, désignant des nombres entiers ou fractionnaires, on a*

$$a+b=b+a \quad \text{et} \quad a+(b+c)=a+b+c.$$

En effet, nous avons regardé ce principe comme évident pour des nombres entiers et nous venons de voir qu'on peut toujours transformer des nombres fractionnaires en des nombres entiers d'une certaine partie aliquote de l'unité, considérée comme unité principale.

§ 9. — PROPRIÉTÉS DES SOMMES ET DES DIFFÉRENCES.

PROPOSITION VII.

38. Théorème. — *Dans une somme de nombres entiers ou fractionnaires, on peut intervertir à volonté l'ordre des parties, sans changer la somme.*

Pour plus de simplicité, nous représenterons les nombres entiers ou fractionnaires par des lettres a, b, c...

1° Le théorème est démontré pour le cas de deux nombres (**30**, **37**).

2° Dans une somme de trois nombres $a+b+c$, on peut intervertir les deux derniers.

En effet, on a la série des égalités suivantes :

$$\begin{aligned} a+b+c &= a+(b+c) && (\mathbf{31},\ \mathbf{37}) \\ &= a+(c+b) && (\mathbf{30},\ \mathbf{37}) \\ &= a+c+b. && (\mathbf{31},\ \mathbf{37}) \end{aligned}$$

Ce qu'il fallait démontrer.

3° Dans la somme de plusieurs nombres, on peut intervertir l'ordre des deux derniers.

En effet, la somme de plusieurs nombres $a+b+c+d+e$ peut être regardée comme la somme de trois nombres (**24**).

4° Dans la somme de plusieurs nombres, on peut intervertir deux termes consécutifs.

En effet, on a

$$a+b+c+d=a+b+d+c. \quad \text{(cas précédent)}$$

Ajoutons successivement les nombres e et f, nous aurons

$$a+b+c+d+e+f=a+b+d+c+e+f. \qquad \textbf{(29)}$$

5° Dans la somme de plusieurs nombres, on peut intervertir à volonté les termes.

En effet, par l'interversion de deux termes consécutifs on peut amener un terme quelconque à un rang désigné quelconque.

Corollaire. — On peut effectuer partiellement la somme d'un certain nombre de termes ; il suffit d'imaginer que les termes qu'on veut grouper aient été ramenés au premier rang. — *Réciproquement*, on peut remplacer une somme faite, par ses termes dispersés ; il suffit de ramener la somme au premier rang, puis de supprimer la parenthèse inutile.

PROPOSITION VIII.

39. Théorème. — *Pour ajouter une somme à un nombre, on peut ajouter successivement toutes les parties de la somme. Les nombres ajoutés sont entiers ou fractionnaires.*

1re démonstration.

Soit la somme $a+b+c$ à ajouter à un nombre N ; nous avons, en vertu des principes précédents, les égalités suivantes :

$$\begin{aligned} N+(a+b+c) &= (a+b+c)+N & \textbf{(30, 37)} \\ &= a+b+c+N & \textbf{(24)} \\ &= N+a+b+c. & \textbf{(38)} \end{aligned}$$

c. q. f. d.

2e démonstration.

Nous pouvons encore écrire successivement, en nous appuyant sur ce que la somme de deux nombres entiers ou fractionnaires est associative (**31**, **37**) et sur le sens des parenthèses (**30**),

$$\begin{aligned} N+(a+b+c+d) &= N+[(a+b+c)+d] \\ &= N+(a+b+c)+d \\ &= N+[(a+b)+c]+d \\ &= N+(a+b)+c+d \\ &= N+a+b+c+d. \end{aligned}$$

c. q. f. d.

PROPOSITION IX.

40. Théorème. — *Pour ajouter une différence, il suffit d'ajouter le premier nombre et de retrancher le second du résultat. — Les nombres en question peuvent être entiers ou fractionnaires.*

Soit à exécuter l'opération

$$N+(a-b).$$

Désignons par c la différence $a-b$, nous aurons, par définition de c (**25**),

$$a=b+c.$$

Donc

$$\begin{aligned} N+a &= N+(b+c) && (\mathbf{29}) \\ &= N+b+c && (\mathbf{31},\ \mathbf{37}) \\ &= N+c+b. && (\mathbf{38}) \end{aligned}$$

Retranchons un même nombre aux deux termes, il viendra

$$\begin{aligned} N+a-b &= N+c && (\mathbf{29}) \\ &= N+(a-b). \end{aligned}$$

c. q. f. d.

Corollaire 1. — Un nombre ne change pas quand on lui ajoute et qu'on lui retranche le même nombre. Cela revient en effet à lui ajouter 0.

Corollaire 2. — On peut aussi, *quand cela est possible,*

commencer par la soustraction et finir par l'addition. En effet, on a la série d'égalités suivantes :

$$\begin{aligned} N+(a-b) &= N+a-b && \text{(théor.)} \\ &= a+N-b && (\mathbf{30},\ \mathbf{37}) \\ &= a+(N-b) && (\text{théor. } \mathbf{40}) \\ &= (N-b)+a && (\mathbf{30},\ \mathbf{37}) \\ &= N-b+a. && \text{(Déf. de la parenthèse)} \end{aligned}$$

c. q. f. d.

La troisième transformation $a+(N-b)$ montre bien que cette manière d'opérer n'est permise que si N est supérieur à b.

PROPOSITION X.

41. Théorème. — *Pour retrancher une somme, il suffit de retrancher successivement toutes ses parties.*

Soit à exécuter l'opération

$$N-(a+b+c).$$

Désignons par d le résultat. Par définition des notations (**25**), nous aurons

$$N=d+(a+b+c),$$

puis

$$\begin{aligned} N &= d+a+b+c && (\mathbf{39}) \\ &= d+c+b+a. && (\mathbf{38}) \end{aligned}$$

Retranchons successivement des deux membres a, b, c, nous aurons

$$N-a-b-c=d \qquad (\mathbf{29})$$

ou

$$N-a-b-c=N-(a+b+c).$$

c. q. f. d.

PROPOSITION XI.

42. Théorème. — *Pour retrancher une différence, on peut ajouter la seconde quantité et du résultat retrancher la première.*

Soit à exécuter l'opération suivante, sur des nombres entiers ou fractionnaires :

$$N-(a-b)$$

Désignons par c le résultat final. Par définition du reste (**25**), nous aurons

$$N=c+(a-b),$$

puis

$$N=c+a-b. \qquad (\mathbf{40})$$

Ajoutons b aux deux membres, puis retranchons a, il viendra

$$N+b-a=c \qquad (\mathbf{29})$$

ou

$$N+b-a=N-(a-b).$$

c. q. f. d.

Corollaire. — On peut commencer par la soustraction et finir par l'addition, *quand cela est possible*. En effet, nous avons la série des égalités suivantes :

$$\begin{aligned} N+b-a &= b+N-a & (\mathbf{30},\ \mathbf{37}) \\ &= b+(N-a) & (\mathbf{40}) \\ &= (N-a)+b & (\mathbf{30},\ \mathbf{37}) \\ &= N-a+b. & (\text{Défin. de la parenth. } \mathbf{24}) \end{aligned}$$

PROPOSITION XII.

43. Théorème. — *La différence entre deux nombres ne change pas, si on les augmente ou si on les diminue chacun d'un même nombre. Les nombres en question sont entiers ou fractionnaires.*

En effet, soit c la différence entre deux nombres quelconques a et b, nous aurons, par définition de c,

$$a = c + b. \qquad (\mathbf{25})$$

Ajoutons un même nombre aux deux membres, soit m, nous aurons

$$a + m = c + b + m \qquad (\mathbf{29})$$

ou

$$a + m = c + (b + m), \qquad (\mathbf{31}, \mathbf{37})$$

ou bien

$$a + m - (b + m) = c. \qquad (\mathbf{25})$$

c. q. f. d.

Si de la dernière égalité nous passons à la première, nous démontrons, en raisonnant en sens inverse, qu'on peut retrancher un même nombre à deux autres, sans changer leur différence.

PROPOSITION XIII.

44. Théorème. — *Dans une série d'opérations successives composée d'additions et de soustractions, on peut à volonté changer l'ordre des opérations, pourvu qu'elles restent possibles dans l'ordre choisi.*

1° On peut toujours considérer la série

$$a + b - c + d - e + f$$

comme une opération à faire sur trois nombres, car, d'après le sens de la notation, cette série est identique à la suivante :

$$(a + b - c + d) - e + f.$$

2° D'après cela, on peut donc toujours intervertir l'ordre des deux dernières opérations, quand cela est possible (**30**, **38**, **40**, **41**, **42**).

3° On peut donc aussi intervertir l'ordre de deux termes

consécutifs, car ils sont les derniers termes d'une première série d'opérations qui doivent précéder les suivantes.

4° On peut donc intervertir de toutes les manières possibles les termes, pourvu que les soustractions puissent se faire.

Remarque. — On nomme *polynome* l'expression

$$a + b - c + d - e \ldots..$$

Chacun des nombres qui y entrent par addition ou soustraction se nomme *terme*. On nomme termes *additifs* ou *positifs* ceux qui sont précédés du signe + et celui qui, au commencement, n'a pas de signe ; on nomme termes *soustractifs* ou *négatifs* ceux qui sont précédés du signe —. Un *binome* est un polynome à deux termes ; un *trinome* est un polynome à trois termes.

PROPOSITION XIV.

45. Théorème. — *Pour ajouter un polynome à un nombre, il suffit de l'écrire à la suite du nombre, en conservant à chaque terme son signe.*

Soit à exécuter l'opération suivante :

$$N + (a - b + c - d).$$

Les nombres sont entiers ou fractionnaires. On peut écrire la série d'égalités suivantes :

$$\begin{aligned} N + (a - b + c - d) &= N + [(a - b + c) - d] && \text{(Déf. de la parenth. 24)} \\ &= N + (a - b + c) - d && \text{(40)} \\ &= N + [(a - b) + c] - d && \text{(Déf. de la parenth. 24)} \\ &= N + (a - b) + c - d && \text{(39)} \\ &= N + a - b + c - d. && \text{(40)} \end{aligned}$$

c. q. f. d.

Remarque. — On peut donner de ce théorème une autre démonstration plus simple encore, au moyen de la série des transformations suivantes :

$$\begin{aligned} N + (a - b + c - d) &= (a - b + c - d) + N && \text{(30, 37)} \\ &= a - b + c - d + N && \text{(Déf. de la par. 24)} \\ &= N + a - b + c - d. && \text{(44)} \end{aligned}$$

c. q. f. d.

PROPOSITION XV.

46. Théorème. — *Pour soustraire d'un nombre un polynome, il suffit de l'écrire à la suite du nombre en changeant le signe de chacun de ses termes.*

Soit à exécuter l'opération

$$N-(a-b+c-d).$$

Nous aurons, d'après ce qui précède, la série des égalités suivantes :

$$\begin{aligned} N-(a-b+c-d) &= N-[(a+c)-(b+d)] \quad &(\mathbf{44, 41})\\ &= N+(b+d)-(a+c) \quad &(\mathbf{42})\\ &= N+b+d-a-c \quad &(\mathbf{39, 41})\\ &= N-a+b-c+d. \quad &(\mathbf{44})\end{aligned}$$

C. q. f. d.

Remarque. — On pourrait démontrer autrement ce théorème en procédant par la méthode de vérification :

$$\begin{aligned} N-a+b-c+d+(a-b+c-d) &= N-a+b-c+d+a-b+c-d \, (\mathbf{45})\\ &= N+a-a+b-b+c-c+d-d \, (\mathbf{44})\\ &= N.\end{aligned}$$

Donc

$$N-a+b-c+d$$

est bien égal à

$$N-(a-b+c-d). \qquad (\mathbf{25})$$

C. q. f. d.

§ 10. — PROBLÈMES SUR L'ADDITION.

PROPOSITION XVI.

47. Problème. — *Additionner deux nombres d'un seul chiffre.*

On obtiendra le résultat de cette addition en ajoutant successivement au premier nombre toutes les unités contenues dans le second. On apprend les divers résultats par cœur; ils sont consignés dans la table suivante.

	1	2	3	4	5	6	7	8	9
1	2	3	4	5	6	7	8	9	10
2	3	4	5	6	7	8	9	10	11
3	4	5	6	7	8	9	10	11	12
4	5	6	7	8	9	10	11	12	13
5	6	7	8	9	10	11	12	13	14
6	7	8	9	10	11	12	13	14	15
7	8	9	10	11	12	13	14	15	16
8	9	10	11	12	13	14	15	16	17
9	10	11	12	13	14	15	16	17	18

Étant donnés deux nombres à ajouter, 7 et 6 par exemple, on prend la colonne verticale qui correspond à l'un 7, puis la ligne horizontale qui correspond à l'autre 6 : la somme 13 se trouve dans le carré commun à ces deux rangées.

PROPOSITION XVII.

48. Problème. — *Additionner un nombre d'un seul chiffre avec un nombre quelconque.*

On peut résoudre facilement ce problème de tête, quand on sait résoudre le précédent; on ajoute mentalement le nombre d'un seul chiffre aux unités de l'autre (**38,39**). Si cette addition produit une dizaine, on *force* d'une unité le chiffre des dizaines du nombre le plus grand. On dit donc immédiatement .

368 et 7 font 375,
46 et 8 font 54, etc.

PROPOSITION XVIII.

49. Problème. — *Additionner des nombres quelconques.*

1° Nous pouvons partager les nombres donnés en unités de divers ordres et additionner entre elles d'abord les unités simples, puis les dizaines, puis les centaines, etc... (**38,39**).

2° Nous sommes ainsi ramenés à l'un des deux problèmes précédents. Comme des unités d'un ordre quelconque ajoutées les unes aux autres peuvent donner des unités d'ordres supérieurs, nous n'écrirons de chaque somme partielle que le dernier chiffre, et nous *retiendrons*, pour les ajouter aux dizaines de ces unités, les dizaines fournies par l'addition.

3° Nous disposerons l'opération comme ci-après, afin de faciliter les calculs successifs.

```
 3478
 5832
  987
  694
   76
  969
-----
12036
```

4° Nous vérifierons la justesse du résultat, autrement dit nous ferons la *preuve* de l'opération, en recommençant de bas en haut, si nous avons opéré de haut en bas (**38, 39**).

PROPOSITION XIX.

50. Problème. — *Additionner des nombres complexes.*

On appelle nombres *complexes* ceux qui sont formés de plusieurs nombres entiers d'unités diverses. Ainsi :

8 heures	42 min.	25 sec.
18 degrés	50 min.	15 sec.
4 toises	5 pieds	8 pouces
etc.		

sont des nombres complexes.

On remarquera que les unités les plus faibles ajoutées les

unes aux autres peuvent donner des unités supérieures ; on opérera donc comme dans le cas des nombres décimaux, quoique les subdivisions de l'unité principale ne soient pas décimales ; il suffira de savoir chaque fois combien une unité d'un ordre contient d'unités de l'ordre inférieur.

Voici un exemple de cette opération :

8^h	42^m	25^s
10	54	33
9	28	45
13	37	29
42^h	43^m	12^s

PROPOSITION XX.

51. Problème. — *Additionner des fractions ayant même dénominateur.*

1° Ces fractions sont des nombres entiers d'une même partie aliquote de l'unité, marquée par les numérateurs. On est donc ramené à additionner les numérateurs, en gardant le même dénominateur.

2° Dans le cas des fractions décimales, l'opération est entièrement semblable à celle qui est relative à des nombres entiers.

§ 11. — PROBLÈMES SUR LA SOUSTRACTION.

PROPOSITION XXI.

52. Problème. — *Soustraire un nombre d'un autre quand la différence est inférieure à* 10.

On sait ajouter un nombre d'un seul chiffre à un nombre quelconque (**48**) ; on saura donc, dans le cas qui nous occupe, trouver immédiatement quel nombre d'un seul chiffre devra être ajouté au plus petit pour qu'on obtienne le plus grand ; ce sera la différence cherchée.

PROPOSITION XXII.

53. Problème. — *Trouver la différence entre deux nombres entiers quelconques.*

1° Au lieu de retrancher en totalité le plus petit nombre, on peut retrancher successivement ses diverses parties (**41**), en commençant par les unités.

2° Si le nombre des unités du plus petit ne peut pas se retrancher des unités correspondantes du plus grand, nous ajouterons à ce dernier une unité de l'ordre immédiatement supérieur, ce qui permettra de faire la soustraction. Pour ne pas troubler la différence cherchée, nous ajouterons ensuite la même quantité au plus petit nombre (**43**).

3° Voici un exemple indiquant la marche à suivre :

$$\begin{array}{r} 7826 \\ -3974 \\ \hline 3852 \end{array}$$

On énonce ainsi l'opération : 4 ôté de 6, il reste 2, ou plus rapidement, 4 de 6, 2 ; 7 de 12, 5 ; 10 de 18, 8 ; 4 de 7, 3. — On peut encore dire : 4 et 2, 6 ; 7 et 5, 12, 10 et 8, 18 ; 4 et 3, 7. — Cette dernière manière d'opérer substitue une addition à la soustraction, et d'ailleurs on énonce en dernier lieu la somme qui indique s'il y a ou s'il n'y a pas de retenue, pour l'opération suivante.

4° On fait la *preuve* de la soustraction, en ajoutant le reste au plus petit nombre ; on doit trouver le plus grand, d'après la définition du reste.

PROPOSITION XXIII.

54. Problème. — *Soustraction des nombres complexes.*

Dans la soustraction des nombres complexes, on opère suivant les mêmes principes qui servent à effectuer la soustraction des nombres ordinaires. Soit à faire la soustraction suivante :

72°	18′	24″
— 26	42	39
45°	35′	45″

Nous ajoutons 1′ ou 60″ à 24″, ce qui nous donne 84″ dont nous retranchons 39″, il reste 45″.

Nous avons ajouté 1′ au nombre supérieur, nous l'ajoutons au nombre inférieur, pour ne pas troubler la différence cherchée ; 42 est donc remplacé par 43. — Nous ajoutons de nouveau 1° ou 60′ au nombre supérieur ; nous avons alors 78′ dont nous retranchons 43′, il reste 35′.

Enfin nous retranchons 26 + 1 ou 27° de 72, il reste 45°.

Remarque. — On pourrait opérer autrement, par la méthode d'*emprunt*. Elle consiste à prélever une unité supérieure pour la reporter sur les inférieures, de façon à permettre la soustraction. Ainsi sur 18′ nous prendrions 1′ que nous changerions en 60″. Il ne resterait que 17′ ; nous prélèverions ensuite 1° ou 60′ sur 72°.

Souvent cette méthode est plus commode que la méthode de *compensation*. Soit, par exemple, l'opération .

$$180° - (25°\ 38'\ 42'')$$

Nous pouvons facilement l'exécuter comme il suit :

179°	59′	60″
25	38	42
154	21	18

L'autre procédé serait un peu moins simple.

PROPOSITION XXIV.

55. Problème. — *Soustraction des fractions ayant même dénominateur.*

1° Deux fractions de même dénominateur, comme

$$\frac{15}{24}, \quad \frac{8}{24},$$

peuvent être regardées comme des nombres entiers de parties aliquotes de l'unité principale, et on peut les écrire ainsi :

15 vingt-quatrièmes, 8 vingt-quatrièmes.

La soustraction de deux pareilles fractions revient donc à la soustraction de deux nombres entiers qui sont les numérateurs. Le résultat est un nombre d'unités de même espèce, on gardera donc le même dénominateur. Dans le cas qui nous occupe, on obtient $\frac{7}{24}$.

2° Soient maintenant deux nombres décimaux

35,42
13,536

On peut toujours faire en sorte qu'ils aient le même nombre de chiffres décimaux, en écrivant des zéros à la droite de celui qui en a le moins. Les deux nombres proposés deviendront 35,420, 13,536.

Les deux nombres peuvent alors être considérés comme deux nombres entiers de millièmes, et la soustraction de ces nombres ne diffère pas de celle de deux nombres entiers. Voici l'opération :

$$\begin{array}{r} 35,420 \\ 13,536 \\ \hline 21,884 \end{array}$$

PROGRAMME DU PREMIER LIVRE

§ 1. *Notions préliminaires.* — Nombre. — Addition, soustraction. — Compter. — Série des nombres. — But de l'arithmétique.

§ 2. *Numération parlée.* — Nomenclature des nombres. — Noms nécessaires. — Exceptions. — Ordres et classes d'unités.

§ 3. *Numération écrite.* — Chiffres. — Convention de la numération décimale. — Écrire en chiffres un nombre énoncé. — Énoncer un nombre écrit. — Influence des zéros placés à la droite d'un nombre.

§ 4. *Évaluation des grandeurs concrètes au moyen des nombres, nombres fractionnaires.* — Mesure des grandeurs continues, cas divers. — Valeur d'un nombre.

§ 5. *Fractions décimales.* — Génération et numération des fractions décimales. — Énoncer un nombre décimal écrit. — Écrire un nombre décimal énoncé. — Écrire une fraction décimale sous forme de fraction ordinaire. — Influence du déplacement de la virgule. — Influence de zéros placés à droite.

§ 6. *Définitions des opérations fondamentales.* — Addition. — Soustraction. — Multiplication. — Division.

§ 7. *Axiomes fondamentaux de l'arithmétique.* — Commutativité. — Associativité.

§ 8. *Transformations des nombres entiers ou fractionnaires.* — Inversion de deux facteurs entiers. — Multiplication du numérateur d'une fraction par un nombre. — Multiplication du dénominateur. — Multiplication des deux termes. — Réduction de deux ou plusieurs fractions au même dénominateur. — L'addition des nombres fractionnaires est commutative et associative.

§ 9. *Propriétés des sommes et des différences.* — Inversion des parties d'une somme. — Addition d'une somme. — Addition d'une différence. — Soustraction d'une somme. — Soustraction d'une différence. — Addition d'un même nombre aux deux termes d'une différence. — Polynome, inversion des termes — Addition d'un polynome à un nombre. — Soustraction d'un polynome.

§ 10. *Problèmes sur l'addition.* — Addition de deux nombres d'un seul chiffre. — Addition d'un nombre d'un seul chiffre à un nombre quelconque. — Addition de nombres quelconques. — Addition de nombres complexes. — Addition de fractions ayant même dénominateur, de nombres décimaux.

§ 11. *Problèmes sur la soustraction.* — Différence de deux nombres quand elle est inférieure à 10. — Différence de deux nombres entiers quelconques. — Différence de deux nombres complexes. — Différence de deux fractions de même dénominateur, de deux nombres décimaux.

LIVRE II

MULTIPLICATION — DIVISION

§ 1. — DÉFINITIONS.

56. Multiplication. — *Multiplier* un nombre N par un nombre entier 5, c'est le *répéter* 5 fois ; c'est faire l'*addition* de 5 nombres égaux à N. Nous l'avons déjà dit (**26**).

Multiplier un nombre N par la fraction $\frac{1}{8}$, par exemple, c'est en prendre la 8e partie, c'est le rendre 8 fois plus petit, c'est le diviser par 8.

Multiplier un nombre par une fraction telle que $\frac{5}{8}$, c'est répéter 5 fois la 8e partie de ce nombre, c'est en prendre les $\frac{5}{8}$.

On voit que sous le nom de *multiplication* on entend, tantôt une simple addition de nombres égaux, tantôt une division en parties égales, tantôt l'ensemble de ces deux opérations successives.

Le nombre que l'on multiplie se nomme *multiplicande*, celui par lequel on multiplie s'appelle *multiplicateur ;* le résultat se nomme *produit*. Le multiplicande et le multiplicateur s'appellent aussi les *facteurs* de la multiplication.

Pour réunir tous les cas de la multiplication sous une

même définition, on dit quelquefois : *multiplier un nombre par un autre, c'est faire sur le multiplicande les opérations qui ont été faites sur l'unité pour composer le multiplicateur.*

Soient 4 et 3 les deux facteurs de la multiplication. Le produit s'indique par la notation :

$$4 \times 3 \quad \text{ou} \quad 4.3$$

Si les facteurs sont représentés par des lettres a et b, on supprime tout signe intermédiaire et l'on écrit ab pour le produit.

57. Multiplications successives. — On indique le produit de plusieurs nombres entiers ou fractionnaires par la notation

$$a \times b \times c \times d \times e$$

ou

$$a.b.c.d.e$$

ou

$$abcde.$$

Mais il faut bien entendre le sens de cette notation. Elle signifie que a sera multiplié par b, puis le résultat par c, puis le résultat par d, puis le résultat par e. Donc, si l'on fait usage d'une parenthèse pour indiquer le résultat d'un calcul, on pourra écrire $abcde$ sous l'une quelconque des formes suivantes :

$$abcde,\ (ab)cde,\ (abc)de,\ (abcd)e$$

58. Exposant, puissance. — Si les cinq facteurs a, b, c, d, e étaient égaux entre eux, le produit ne s'écrirait pas

$$aaaaa,$$

mais

$$a^5.$$

Le chiffre 5 se nomme *exposant* et a^5 se nomme la 5e puissance de a.

59. Division. — La division se définit comme opération inverse de la multiplication, dans tous les cas; elle sert à résoudre le problème suivant : *Étant donnés un produit et l'un des facteurs, trouver l'autre.* Le produit donné se nomme *dividende*, le facteur donné s'appelle *diviseur*, le facteur inconnu, *quotient*.

Ainsi, *par définition*, le quotient est le nombre entier ou fractionnaire qui, multiplié par le diviseur, donne le dividende.

Désignons par A le dividende entier ou fractionnaire, par B le diviseur entier ou fractionnaire, par Q le quotient entier ou fractionnaire. Le quotient s'indique par la notation des fractions (nous verrons bientôt pourquoi); on a donc, *par définition* du signe,

$$\frac{A}{B}=Q$$

et *par définition* du quotient

$$A=Q.B \qquad \text{ou} \qquad A=\frac{A}{B}\times B.$$

Si le diviseur est un nombre entier, 5 par exemple, le nombre qui, multiplié par 5 ou répété 5 fois, donnera le dividende, est évidemment la 5e partie du dividende. Donc *diviser un nombre par un nombre entier* 5, *c'est en prendre la* 5e *partie*. Nous l'avions déjà dit (**27**).

§ 2. — PROPRIÉTÉS DES PRODUITS.

PROPOSITION.

60. Théorème. — *Pour multiplier une somme par un nombre quelconque, on peut multiplier les diverses parties de la somme et ajouter ensuite les produits partiels.*

1er cas. — Multiplicateur entier, 3.

Soit à multiplier la somme $a+b+c$ par 3; nous avons,

en vertu de nos définitions et des principes antérieurs, la série des égalités suivantes :

$$\begin{aligned}(a+b+c)3 &= a+b+c+(a+b+c)+(a+b+c) && \text{(Déf. **56**)}\\ &= a+b+c+a+b+c+a+b+c && \text{(**39**)}\\ &= a+a+a+b+b+b+c+c+c && \text{(**38**)}\\ &= a.3+(b+b+b)+(c+c+c) && \text{(**39**)}\\ &= a.3+b.3+c.3.\end{aligned}$$

Ce qu'il fallait démontrer.

2e cas. — Multiplicateur de la forme $\frac{1}{8}$.

Soit à multiplier la somme $(a+b+c)$ par $\frac{1}{8}$. Je dis que le résultat est

$$a.\frac{1}{8}+b.\frac{1}{8}+c.\frac{1}{8}.$$

En effet, répétons cette quantité 8 fois ; d'après le cas précédent, il suffit de répéter 8 fois chacune des parties. Or, 8 fois le 8e de a, c'est a ; 8 fois le 8e de b, c'est b ; 8 fois le 8e de c, c'est c ; donc 8 fois cette somme, c'est

$$a+b+c;$$

donc elle est bien le 8e de $a+b+c$, ou $(a+b+c).\frac{1}{8}$; c.q.f.d.

Nous pouvons donc écrire

$$(a+b+c)\frac{1}{8}=a.\frac{1}{8}+b.\frac{1}{8}+c.\frac{1}{8}.$$

3e cas. — Multiplicateur fractionnaire quelconque, $\frac{5}{8}$.

Soit à multiplier la somme $(a+b+c)$ par une fraction quelconque $\frac{5}{8}$. Il s'agit de répéter 5 fois la 8e partie de $(a+b+c)$.

Nous prendrons d'abord la 8e partie de la somme $(a+b+c)$ comme dans le second cas ; nous obtiendrons

$$a.\frac{1}{8} \quad b.\frac{1}{8}+c.\frac{1}{8}.$$

Puis nous répéterons 5 fois ce 8e en répétant 5 fois chacune des parties de cette nouvelle somme. Or, 5 fois le 8e de a, c'est $a.\frac{5}{8}$, par définition ; 5 fois le 8e de b, c'est $b.\frac{5}{8}$; 5 fois le 8e de c, c'est $c.\frac{5}{8}$; donc le résultat final sera

$$a.\frac{5}{8}+b.\frac{5}{8}+c.\frac{5}{8}.$$

Nous pouvons donc écrire encore

$$(a+b+c)\frac{5}{8}=a.\frac{5}{8}+b.\frac{5}{8}+c.\frac{5}{8}.$$

COROLLAIRE 1. — On voit que a, b, c. ., m étant des nombres entiers ou fractionnaires, on a toujours

$$(a+b+c\ldots)m=am+bm+cm\ldots$$

Cette égalité, lue en sens inverse, conduit à une transformation fréquemment employée, que l'on indique par cette périphrase : *mettre* m *en facteur commun.*

COROLLAIRE 2. — On peut voir facilement que le 8e de 5 unités est la même chose que 5 huitièmes d'unité. En effet,

$$\frac{5}{8}=\frac{1}{8}+\frac{1}{8} \quad \frac{1}{8}+\frac{1}{8}+\frac{1}{8}.$$

Multiplions cette somme par 8 ; il suffira d'après le théorème de répéter 8 fois chacune des parties, et comme $\frac{1}{8}$ répété 8 fois donne une unité, nous aurons en tout 5 unités. Ainsi la fraction $\frac{5}{8}$ répétée 8 fois donne 5 unités ; donc elle est la huitième partie de 5 unités.

Une fraction $\frac{5}{8}$ d'unité peut donc être envisagée comme le quotient de son numérateur par son dénominateur, ou comme le produit de 5 unités par $\frac{1}{8}$.

On comprend maintenant pourquoi le signe de la division est le même que celui des fractions : *toute fraction est un quotient.*

Nous pourrions encore reconnaître cette identité plus simplement en raisonnant comme il suit :

8 fois 5 huitièmes = 5 fois 8 huitièmes. **(32)**
= 5 fois 1 unité.
= 5 unités.

Donc $\frac{5}{8}$ est bien la 8e partie de 5 unités.

PROPOSITION II.

61. Théorème. — *Pour multiplier un nombre par une somme, il suffit de le multiplier par les diverses parties de la somme et d'ajouter les produits partiels.*

Soit à exécuter l'opération

$$m\left(3+4+\frac{5}{7}\right).$$

D'après la définition même de la multiplication, il s'agit de répéter le multiplicande 3 fois, puis 4 fois, puis d'en prendre les $\frac{5}{7}$, et enfin d'ajouter les résultats obtenus ; donc, par définition même de la multiplication,

$$m\left(3+4+\frac{5}{7}\right)=m.3+m.4+m.\frac{5}{7}.$$

En général, quels que soient les nombres m, a, b, c, on a

$$m(a+b+c)=m.a+m.b+m.c$$

PROPOSITION III.

62. Théorème. — *Pour multiplier une différence, il suffit de multiplier les deux termes de la différence et de prendre la différence des produits.*

Soit en effet la différence $a-b=c$ à multiplier par m. Nous avons la série des égalités suivantes :

$$a=c+b, \qquad \text{(Déf. 25)}$$
$$am=cm+bm, \qquad \text{(60)}$$
$$am-bm=cm. \qquad \text{(Déf. 25)}$$

C. q. f. d.

PROPOSITION IV.

63. Théorème. — *Pour multiplier un nombre par une différence, il suffit de multiplier ce nombre par les deux termes de la différence et de prendre la différence des produits.*

En effet, nous avons, en conservant les notations précédentes,

$$ma=m(c+b)$$
$$=mc+mb. \qquad \text{(61)}$$

Donc

$$ma-mb=mc. \qquad \text{(Déf. du reste, 25)}$$

PROPOSITION V.

64. Théorème. — *Pour multiplier deux polynomes l'un par l'autre, on peut multiplier successivement tous les termes du multiplicande par chacun des termes du multiplicateur en observant la règle des signes suivante : deux termes de même signe donnent un produit positif, deux termes de signe contraire donnent un produit négatif.*

Soit à exécuter l'opération

$$(a+b-c)(m-p+r).$$

Quel que soit le second polynome, on peut toujours le metttre sous la forme d'une différence P — N, en changeant l'ordre des termes et appliquant des théorèmes connus, permettant de rassembler en sommes les termes positifs et les termes négatifs; on obtiendra donc les égalités successives suivantes :

$$
\begin{aligned}
(a+b-c)(m-p+r) &= (a+b-c)(m+r-p) && \textbf{(44)}\\
&= (a+b-c)(m+r)-(a+b-c)p && \textbf{(63)}\\
&= (a+b-c)m+(a+b-c)r-(a+b-c)p && \textbf{(61)}\\
&= \left.\begin{array}{l}(a+b)m-cm\\ +(a+b)r-cr\\ -(a+b)p+cp\end{array}\right\} && \textbf{(62, 40, 42)}\\
&= \left.\begin{array}{l}am+bm-cm\\ +ar+br+cr\\ -ap-bp+cp\end{array}\right\} && \textbf{(60, 39, 31)}\\
&= \left.\begin{array}{l}am+bm-cm\\ -ap+bp+cp\\ +ar+br-cr.\end{array}\right\} && \textbf{(44)}
\end{aligned}
$$

Ce dernier résultat, comparé aux données, démontre le théorème énoncé.

Remarque. — Les divers théorèmes que nous venons de démontrer sur la multiplication des polynomes ramènent les multiplications les plus compliquées à celle de deux nombres entiers ou fractionnaires.

PROPOSITION VI.

65. Théorème. — *Si les deux facteurs d'une multiplication ne sont pas entiers, le produit s'obtient en multipliant les numérateurs entre eux et les dénominateurs entre eux.*

1° Soit à multiplier $\frac{5}{8}$ par 3. — Il s'agit de rendre $\frac{5}{8}$ 3 fois plus grand (**26**); le résultat est donc $\frac{5.3}{8}$ (**33**).

2° Soit à multiplier 3 par $\frac{5}{8}$. — Il s'agit de répéter 5 fois la 8e partie de 3. Or la 8e partie de 3 est la fraction $\frac{3}{8}$ (**60**, cor. 2).

Il faut maintenant répéter 5 fois cette fraction; nous sommes ramenés au cas précédent, et nous obtenons $\frac{3.5}{8}$.

3° Soit à multiplier la fraction $\frac{3}{4}$ par $\frac{5}{8}$. — Il s'agit de répéter 5 fois le 8e de $\frac{3}{4}$. Or le 8e de $\frac{3}{4}$ est $\frac{3}{4.8}$ (**34**). Il faut maintenant répéter 5 fois cette fraction; nous sommes ramenés au premier cas, et nous obtenons $\frac{3.5}{4.8}$.

Donc la règle formulée dans le théorème est bien exacte, si nous considérons les nombres entiers comme des fractions ayant pour dénominateur *un*.

Corollaire 1. — Le théorème que nous venons de démontrer ramène la multiplication des fractions à des multiplications de nombres entiers.

Corollaire 2. — Si l'on multiplie un nombre successivement par une fraction $\frac{5}{8}$ et son inverse $\frac{8}{5}$, on retombe sur le nombre lui-même. En effet, en multipliant par $\frac{5}{8}$, on a pris les 5 huitièmes du nombre. Pour multiplier ensuite par $\frac{8}{5}$, on prend d'abord le 5e du produit trouvé; donc on obtient le huitième du nombre primitif. Si donc on multiplie maintenant par 8, on retombera bien sur le nombre primitif.

Corollaire 3. — Le produit de deux nombres quelconques entiers ou fractionnaires est *commutatif*. Nous l'avons démontré pour deux nombres entiers (**32**). Soient maintenant deux fractions $\frac{a}{b}$, $\frac{a'}{b'}$. Nous avons, par le théorème (**65**) et le théorème (**32**) :

$$\frac{a}{b}\times\frac{a'}{b'}=\frac{a.a'}{b.b'}=\frac{a'.a}{b'.b}=\frac{a'}{b'}\times\frac{a}{b}.$$

C. q. f. d.

Ainsi, en particulier, on peut dire que les $\frac{3}{4}$ des $\frac{5}{6}$ d'une grandeur donnent le même résultat que les $\frac{5}{6}$ des $\frac{3}{4}$ de la même grandeur.

PROPOSITION VII.

66. Théorème. — *Dans un produit d'un nombre quelconque de facteurs entiers ou fractionnaires, on peut intervertir à volonté l'ordre des facteurs.*

1° Le théorème est vrai pour deux facteurs (**32**, **65**, cor. 3).

2° Dans un produit de trois facteurs, on peut intervertir l'ordre des deux derniers. Cela résulte du théorème relatif à deux facteurs. — Car si $5 \times 4 = 4 \times 5$, cela prouve que 4 fois 5 fois un nombre quelconque donne le même résultat que 5 fois 4 fois le même nombre, ce nombre étant pris pour unité; de même, si $\frac{5}{6} \times \frac{3}{4} = \frac{3}{4} \times \frac{5}{6}$, cela prouve que les $\frac{3}{4}$ des $\frac{5}{6}$ d'un nombre quelconque donnent le même résultat que les $\frac{5}{6}$ des $\frac{3}{4}$ du même nombre. En d'autres termes, N, a, b étant entiers ou fractionnaires,

$$N.a.b = N.b.a.$$

3° Dans un produit d'un nombre quelconque de facteurs entiers ou fractionnaires, on peut intervertir l'ordre des deux derniers. Soit $abcdef$ un produit; on a

$$\begin{aligned} abcdef &= (abcd)ef && (\mathbf{57}) \\ &= (abcd)fe && (\mathbf{66},\ 2°) \\ &= abcdfe. && (\mathbf{57}) \end{aligned}$$

C. q. f. d.

4° Dans un produit d'un nombre quelconque de facteurs, on peut intervertir l'ordre de deux facteurs consécutifs.

En effet, nous avons

$$abcd = abdc, \qquad (\mathbf{66},\ 3^{\circ})$$

par suite

$$abcdef = abdcef.$$

5° On peut, sans altérer le produit, changer comme on veut l'ordre des facteurs, qu'ils soient entiers ou fractionnaires. — En effet, par l'inversion successive de deux facteurs consécutifs, on peut amener un facteur quelconque désigné à un rang quelconque désigné.

Ainsi, on voit que la commutativité de deux facteurs entraîne la vérité du principe pour un nombre quelconque de facteurs.

COROLLAIRE 1. — *Dans un produit de plusieurs facteurs, on peut remplacer des facteurs par leur produit effectué, et réciproquement remplacer un produit par ses facteurs disposés comme on voudra.*

En effet : 1° Amenons aux premiers rangs les facteurs à grouper; effectuons alors leur produit, comme l'indique la notation (**57**) ; nous pourrons ensuite placer ce produit-facteur à tel rang que nous voudrons.

2° Amenons au premier rang le produit à décomposer; mettons alors en évidence les facteurs successifs, ce qui est permis par le sens de la notation (**57**) ; nous pourrons ensuite changer à volonté l'ordre des facteurs.

COROLLAIRE 2. — *Pour multiplier un produit, il suffit de multiplier un de ses facteurs.*

Ce corollaire est un cas particulier du précédent.

COROLLAIRE 3. — *Pour multiplier par un produit, il suffit de multiplier successivement par ses facteurs.*

Ce corollaire est encore un cas particulier du premier.

On peut donc écrire

$$N.(abc) = Nabc.$$

On voit ainsi que la multiplication est *associative*, comme l'addition.

§ 3. — PROPRIÉTÉS DES QUOTIENTS.

PROPOSITION XIII.

67. Théorème. — *On obtient le quotient de deux nombres quelconques entiers ou fractionnaires en multipliant le dividende par l'inverse du diviseur.*

(Nous appelons $\frac{1}{5}$ l'inverse de 5, et la fraction $\frac{8}{5}$ est appelée l'inverse de la fraction $\frac{5}{8}$.)

Nous avons dit que la division est une opération inverse de la multiplication ayant pour but de résoudre le problème suivant : *Étant donnés un produit et l'un des facteurs, trouver l'autre.* Donc, par définition, le quotient est un nombre qui, multiplié par le diviseur, reproduit le dividende.

Supposons 1° que le diviseur soit un nombre entier 5. — En prenant la 5ᵉ partie du dividende, nous aurons bien un nombre qui, multiplié par 5, reproduira le dividende. Donc, dans ce cas, le quotient est bien égal au dividende multiplié par $\frac{1}{5}$ ou l'inverse du diviseur.

Supposons 2° que le diviseur soit la fraction $\frac{5}{8}$. — En multipliant le dividende par la fraction $\frac{8}{5}$, nous aurons un nombre qui, multiplié ensuite par $\frac{5}{8}$, reproduira le dividende (**65**, cor. 2). Donc ce sera bien le quotient. C. q. f. d.

Corollaire 1. — Le quotient de deux nombres quelconques existe toujours ; il est entier ou fractionnaire.

Corollaire 2. — Si le diviseur est un nombre entier, le quotient est une partie aliquote du dividende, marquée par le diviseur. Dans ce cas, on peut dire : diviser par 7, 8, 46,...

c'est prendre la 7e, la 8e, la 46e... partie du dividende. C'est de cette considération qu'est tiré le mot *division*.

Corollaire 3. — Si l'on représente par A le dividende, par B le diviseur, par Q le quotient, on a l'égalité de définition

$$\frac{A}{B}=Q,$$

et cette égalité équivaut, par définition du quotient, à l'une des deux suivantes :

$$A=Q.B \quad \text{ou} \quad A=B.Q. \qquad (\mathbf{66})$$

On peut donc regarder le quotient Q soit comme un multiplicande, soit comme un multiplicateur.

Corollaire 4. — Si le quotient est fractionnaire et plus grand que l'unité, il sera compris entre deux nombres entiers consécutifs. En prenant le plus petit de ces deux nombres pour le quotient, on commet une erreur moindre qu'une unité et *cette partie du quotient exprime le plus grand nombre de fois que le diviseur est contenu dans le dividende.* De là est venu le nom de quotient (*quoties*) appliqué à cette partie. — On pourrait obtenir cette partie du quotient par une série de soustractions en cherchant *combien de fois* on peut retrancher le diviseur du dividende.

Désignons par C ce quotient incomplet, multiplions le diviseur B par C et retranchons le produit obtenu du dividende A, le reste R sera inférieur au diviseur et l'on aura entre ces quatre nombres la relation

$$A=B.C+R.$$

Appelons R' ce qui manque à R pour faire B, de telle sorte que

$$R+R'=B.$$

Nous pourrons écrire aussi

$$A=B(C+1)-R'.$$

C se nomme le quotient *par défaut*, R est le reste *positif;* C + 1 se nomme le quotient par *excès*, R′ est le reste *négatif*.

Corollaire 5. — L'inverse d'un nombre entier ou fractionnaire est égal au quotient de l'unité par ce nombre, car, en multipliant un nombre par son inverse, on obtient toujours l'unité.

PROPOSITION IX.

68. Théorème. — *Si l'on multiplie le dividende par un nombre, le quotient est multiplié par ce nombre.*

Soit m un nombre quelconque entier ou fractionnaire. De l'égalité

$$A = BQ$$

nous déduisons

$$\begin{aligned} Am &= BQm \\ &= B(Qm), \qquad (\textbf{66}, \text{ cor. } 2) \end{aligned}$$

ou, ce qui est la même chose (**67**, cor. 3),

$$\frac{Am}{B} = Qm.$$

C. q. f. d.

PROPOSITION X.

69. Théorème. — *Si l'on multiplie le diviseur par un nombre, le quotient est divisé par ce nombre.*

En effet, en employant les notations du théorème précédent, de l'égalité

$$A = BQ$$

nous déduisons

$$A = BQm \cdot \frac{1}{m}, \qquad (\textbf{65}, \text{ cor. } 2;\ \textbf{67}, \text{ cor. } 5)$$

puis

$$A = (Bm)\left(Q \cdot \frac{1}{m}\right), \qquad (\mathbf{66}, \text{cor. } 1)$$

ou, ce qui est la même chose (**67**, cor. 3),

$$\frac{A}{Bm} = Q \cdot \frac{1}{m}.$$

Or le produit d'un nombre Q par l'inverse d'un nombre m, c'est le quotient de ce nombre par m (**67**) ; donc le théorème est démontré.

PROPOSITION XI.

70. Théorème. — *Si l'on multiplie le dividende et le diviseur par un même nombre, le quotient ne change pas.*

Ce théorème est une conséquence immédiate des deux précédents ; mais on peut l'établir aussi directement de la manière suivante. De l'égalité

$$A = BQ$$

on déduit

$$\begin{aligned} Am &= BQm \\ &= (Bm)Q, \end{aligned} \qquad (\mathbf{66})$$

ou, ce qui est la même chose (**67**, cor. 3),

$$\frac{Am}{Bm} = Q.$$

C. q. f. d.

COROLLAIRE I. — *On peut toujours, sans changer le quotient, rendre entier le diviseur.*

En effet, on peut toujours multiplier le dividende et le diviseur par le dénominateur du diviseur, s'il est fractionnaire. Le diviseur nouveau sera un nombre entier, ce sera le numérateur de l'ancien. Soit, par exemple, à diviser par $\frac{5}{8}$ le nombre 27 ; on multipliera 27 et $\frac{5}{8}$ par 8, le quotient ne sera pas changé, et l'on aura à diviser 27.8 par 5.

COROLLAIRE 2. — Le quotient $\frac{A}{B}$ a la *forme* d'une fraction, mais il n'est pas toujours une fraction, car les nombres A et B peuvent être fractionnaires; mais nous venons de voir que ce quotient jouit, sous sa forme primitive, des propriétés fondamentales des fractions (**33**,**34**,**35**). D'ailleurs toute fraction est le quotient de son numérateur par son dénominateur (**60**, cor. 2). On voit donc que la notation des fractions et des quotients doit être la même. Les expressions de la forme $\frac{A}{B}$ sont appelées indifféremment, en mathématiques, *quotients*, *rapports*, *fractions algébriques*. — Toute fraction est un rapport, mais tout rapport n'est pas une fraction arithmétique : il faut que son numérateur et son dénominateur soient des nombres entiers.

PROPOSITION XII.

71. Théorème. — *Pour diviser une somme, on peut diviser successivement les diverses parties et ajouter les quotients partiels.*

Soit à exécuter l'opération suivante,

$$\frac{a+b+c}{m},$$

a, b, c, m désignant des nombres quelconques entiers ou fractionnaires. Nous aurons la série des égalités suivantes :

$$\frac{a+b+c}{m} = (a+b+c)\frac{1}{m} \qquad \textbf{(67)}$$

$$= a.\frac{1}{m} + b.\frac{1}{m} + c.\frac{1}{m} \qquad \textbf{(60)}$$

$$= \frac{a}{m} + \frac{b}{m} + \frac{c}{m}. \qquad \textbf{(67)}$$

C. q. f. d.

Corollaire 1. — Si un dividende se compose de deux parties dont l'une soit un multiple du diviseur, si l'on a, par exemple,

$$A = B.C + R,$$

on déduit de la proposition précédente

$$\frac{A}{B} = C + \frac{R}{B}.$$

Le quotient se compose de deux parties, l'une est C, l'autre est une fraction dont le numérateur est le reste et dont le dénominateur est le diviseur. — Soit, par exemple, à diviser 17 par 5, nous pouvons écrire :

$$17 = 5.3 + 2,$$

donc

$$\frac{17}{5} = 3 + \frac{2}{5}.$$

Corollaire 2. — Si l'on voulait trouver la partie entière du quotient $\frac{a+b+c}{m}$, il ne faudrait pas se borner à ajouter les parties entières des quotients partiels, car il peut arriver que la somme des restes soit supérieure au diviseur. Ainsi $\frac{10+13+20}{7}$ vaut $\frac{43}{7}$ ou $6 + \frac{1}{7}$, et la somme des parties entières des quotients partiels $\frac{10}{7}, \frac{13}{7}, \frac{20}{7}$, ne vaut que 4.

72. Remarque. — On voit, par le raisonnement que nous avons employé dans notre démonstration, que les théorèmes vrais pour la *multiplication par un nombre* sont vrais aussi pour la *division par un nombre*, puisque la division par m revient à la multiplication par $\frac{1}{m}$. Donc, en particulier,

1° Pour diviser une différence par un nombre, il suffit de diviser les termes et de faire la soustraction ensuite ;

2° Pour diviser un produit par un nombre, il suffit de diviser l'un des facteurs.

PROPOSITION XIII.

73. Théorème. — *Pour diviser par un produit, il suffit de diviser successivement par ses facteurs.*

1re Démonstration.

Nous pouvons rattacher immédiatement ce théorème à un autre relatif à la multiplication (**66**, cor. 1). Nous avons, en effet,

$$\frac{N}{abc} = N \times \frac{1}{abc} \qquad (\mathbf{67})$$

$$= N \times \left(\frac{1}{a}\cdot\frac{1}{b}\cdot\frac{1}{c}\right) \qquad (\mathbf{65})$$

$$= N.\frac{1}{a}\cdot\frac{1}{b}\cdot\frac{1}{c}. \qquad (\mathbf{66}, \text{cor. } 1)$$

Or multiplier par $\frac{1}{a}$ c'est diviser par a; donc le théorème est démontré.

2e Démonstration.

Posons successivement

$$N = aq, \quad q = bq', \quad q' = cq'',$$

nous déduisons de là :

$$q = b(cq'') = bcq'', \qquad (\mathbf{66}, \text{cor. } 1)$$
$$N = a(bcq'') = abcq'' = (abc)q'', \qquad (\mathbf{66}, \text{cor. } 1, \mathbf{57})$$

ou, ce qui est la même chose,

$$\frac{N}{abc} = q''.$$

C. q. f. d.

Ex. : $\frac{360}{24} = \frac{360}{2.3.4} = 15.$

74. Remarque 1. — Ce théorème est encore vrai si les nombres sont entiers et si l'on se borne à la recherche des parties entières des quotients. En effet, supposons que l'on ait

$$\begin{aligned} N &= aq + r \quad &\text{et}\quad r &\leqslant a-1,\\ q &= bq' + r' & r' &\leqslant b-1,\\ q' &= cq'' + r'' & r'' &\leqslant c-1. \end{aligned}$$

Nous tirons de ces égalités

$$q = b(cq'' + r'') + r' = bcq'' + br'' + r', \qquad (\mathbf{61})$$

puis

$$N = a(bcq'' + br'' + r') + r = abcq'' + abr'' + ar' + r. \quad (\mathbf{61})$$

Or, on a

$$\begin{aligned} abr'' &\leqslant abc - ab, &(\mathbf{62})\\ ar' &\leqslant ab - a, &(\mathbf{62})\\ r &\leqslant a - 1; \end{aligned}$$

donc, en ajoutant, nous obtiendrons aussi

$$abr'' + ar + r \leqslant abc - 1. \qquad (\mathbf{62}, \mathbf{40}, \text{cor. } \mathbf{1})$$

Donc q'' est bien le quotient par défaut de N par abc; c'est ce que nous voulions prouver.

On voit que le reste de cette division dépend des restes obtenus dans les divisions successives, mais la loi de dépendance est trop compliquée pour être formulée.

Soit, par exemple, à diviser 59 par $24 = 2.3.4$.

En divisant par 2, nous obtenons 29 pour quotient et 1 pour reste.

En divisant 29 par 3, nous obtenons 9 pour quotient et 2 pour reste.

En divisant 9 par 4, nous obtenons 2 pour quotient et 1 pour reste.

Donc 2 est le quotient cherché par défaut et le reste est

$$abr'' + ar' + r = 2.3.1 + 2.2 + 1 = 11,$$

ce que l'on peut vérifier directement.

75. Remarque 2. — Les divers théorèmes qui précèdent ramènent les divisions les plus compliquées à la division de deux nombres entiers. Nous verrons de plus que cette opération et celle de la multiplication se ramènent à quelques cas extrêmement simples, en faisant encore usage de quelques-uns des théorèmes démontrés.

§ 4. — PROBLÈMES SUR LA MULTIPLICATION.

PROPOSITION XIV.

76. Problème. — *Multiplication de deux nombres d'un seul chiffre.*

On peut, au moyen d'*additions* successives, faire un tableau de ces produits et les apprendre de manière à donner immédiatement le produit de deux facteurs indiqués. Ce tableau porte le nom de Table de Pythagore. Le voici :

1	2	3	4	5	6	7	8	9
2	4	6	8	10	12	14	16	18
3	6	9	12	15	18	21	24	27
4	8	12	16	20	24	28	32	36
5	10	15	20	25	30	35	40	45
6	12	18	24	30	36	42	48	54
7	14	21	28	35	42	49	56	63
8	16	24	32	40	48	56	64	72
9	18	27	36	45	54	63	72	81

Pour former la table de Pythagore,

1° Sur une ligne horizontale nous écrivons les neuf premiers nombres.

2° Sur une seconde ligne, le résultat de l'addition de

chaque nombre à lui-même. Cette ligne contient donc 2 *fois* chacun des nombres correspondants de la première ligne.

3° Sur une troisième ligne nous écrivons la somme de chacun des nombres de la seconde ligne, avec le nombre correspondant de la première. Cette ligne contient donc 3 *fois* chacun des nombres correspondants de la première.

4° Nous continuons de même, en ajoutant chacun des nombres obtenus au nombre correspondant de la première ligne.

5° La manière même dont le tableau a été formé, indique le procédé à suivre pour s'en servir.

PROPOSITION XV.

77. Problème. — *Multiplication d'un nombre entier par un nombre d'un seul chiffre.*

Soit à multiplier un nombre entier par 7. Le nombre donné peut être regardé comme la somme de ses unités de divers ordres (**9**). Nous pouvons donc multiplier ce nombre par 7, en multipliant successivement ses diverses parties et en ajoutant les produits partiels (**60**). Nous sommes ainsi ramenés à une série d'opérations que nous savons faire, après la solution du problème précédent.

Voici un exemple indiquant la disposition du calcul.

$$\begin{array}{r} 8649 \\ 7 \\ \hline 60543 \end{array}$$

Remarque. — Au lieu d'ajouter à la fin les divers produits partiels obtenus, on fait l'addition en même temps que les produits partiels, et l'on *retient* pour le produit suivant les unités de même ordre venant du produit exécuté. Nous disons donc :

7 *fois* 9, 63 ; *je retiens* 6. — 7 *fois* 4, 28, 34 ; *je retiens* 3. — 7 *fois* 6, 42, 45 ; *je retiens* 4. — 7 *fois* 8, 56, 60.

PROPOSITION XVI.

78. Problème. — *Multiplication d'un nombre entier par un chiffre suivi de zéros.*

Soit à multiplier un nombre entier par 700.

Nous regarderons 700 comme étant le produit 7×100 (**14**). Donc, pour multiplier le multiplicande par 700, il suffira (**66**, 1) de le multiplier par 7, ce que nous savons faire (**77**); puis de multiplier le résultat par 100, ce qui revient à écrire deux zéros à la droite de ce résultat (**14**).

PROPOSITION XVII.

79. Problème. — *Multiplication d'un nombre entier par un nombre quelconque.*

Soit, par exemple, à multiplier un nombre entier par 768.

Nous pouvons regarder le multiplicateur comme la somme des nombres 700, 60, 8; donc, d'après le théor. **61**, il nous suffit de multiplier successivement par ces trois nombres, ce que nous savons faire (**77**, **78**), et d'ajouter les produits partiels. Nous sommes donc ramenés à des problèmes connus.

Voici la disposition des calculs :

$$
\begin{array}{r}
8547 \\
768 \\
\hline
68376 \\
51282\\
59829\\
\hline
6564096
\end{array}
$$

Nous supprimons les zéros qui terminent les produits partiels par 60 et 700, parce qu'ils sont inutiles dans l'addition finale.

80. Corollaire 1. — *Le nombre des chiffres du produit de deux nombres entiers est égal à la somme des nombres de chiffres des facteurs ou à cette somme moins un.*

En effet, remplaçons le multiplicateur successivement par

un nombre plus fort et plus faible, nous aurons deux limites du produit et nous pourrons poser

$$8547 \times 768 < 8547.1000$$
$$> 8547.100$$

Or le premier produit du second membre a autant de chiffres qu'il y en a dans les deux facteurs donnés et le second autant moins un.

81. COROLLAIRE 2. — La série des calculs changerait, si l'on intervertissait l'ordre des deux facteurs, mais le résultat resterait le même (**32**). Donc on peut faire la *preuve* de la multiplication par une multiplication nouvelle, dans laquelle les facteurs ont été échangés. Mais nous remarquerons que cette nouvelle opération est en général aussi laborieuse que l'opération primitive, donc les chances d'erreur y sont aussi grandes. Nous donnerons plus tard une *preuve* meilleure.

PROPOSITION XVIII.

82. Problème. — *Multiplication de deux fractions.*

1° Supposons qu'il s'agisse de deux fractions ordinaires.

Nous avons vu (**65**) que le produit de deux fractions s'obtient en multipliant les numérateurs entre eux et les dénominateurs entre eux. Nous sommes donc ramenés à deux multiplications de nombres entiers (**79**).

2° Supposons en particulier que nous ayons deux fractions décimales, et qu'il s'agisse de faire l'opération suivante :

$$854,7 \times 7,68.$$

On imaginera que ces fractions soient écrites sous forme de fractions ordinaires, et l'on verra alors que le produit est

$$\frac{8547 \times 768}{10 \times 100};$$

d'où l'on voit que *l'on exécute l'opération sans faire attention aux virgules et qu'on sépare ensuite au produit autant de chiffres décimaux qu'il y en a dans les deux facteurs.*

§ 5 — PROBLÈMES SUR LA DIVISION.

PROPOSITION XIX.

83. Problème. — *Division par un nombre d'un seul chiffre, le quotient étant moindre que* 10.

Il est clair que dans ce cas la table de multiplication indique immédiatement le second facteur du produit donné, ou les deux facteurs consécutifs qui comprennent le quotient.

Ex. : 63 div. par 7 donne 9 pour quotient.

60 div. par 8 donne 7 par défaut, 8 par excès.

Dans ce dernier cas on prend 7, et 4 est le reste.

Toutes ces opérations se font mentalement et immédiatement, si l'on sait la table de multiplication.

PROPOSITION XX.

84. Problème. — *Division par un nombre d'un seul chiffre suivi de zéros, le quotient étant moindre que* 10.

Soit à diviser 3649 par 700.

Nous reconnaissons que le quotient est moindre que 10, en multipliant mentalement le diviseur par 10 au moyen d'un zéro placé à sa droite et comparant ce produit au dividende.

Cela posé, nous considérons 700 comme 7×100, et nous savons que l'on trouve exactement la partie entière du quotient, en divisant successivement par 100 et par 7 (**74**). Or nous diviserons par 100 en séparant les deux derniers chiffres à droite du dividende par une virgule; nous obtenons pour ce premier quotient 36 (**34**, cor. 2). Il faut maintenant diviser 36 par 7, ce que nous savons faire (**83**). Nous obtenons 5 pour le quotient par défaut. En multipliant le diviseur par 5 et retranchant le produit du dividende, nous aurons le reste. Voici comment on dispose l'opération :

3649	700
149	5

Il reste 149 ; c'est-à-dire que $3649 = 700 \times 5 + 149$. Le quotient exact est

$$5 + \frac{149}{700}.$$

PROPOSITION XXI.

85. Problème. — *Division par un nombre entier quelconque, le quotient étant moindre que* 10.

Soit à diviser 3649 par 768.

Nous reconnaissons que le quotient est moindre que 10 comme précédemment (**84**).

Nous disposons l'opération comme il suit :

$$\begin{array}{r|l} 3649 & 768 \\ \hline 577 & 4 + \frac{577}{768} \end{array}$$

Si nous avions sous les yeux les multiples du diviseur par 1, 2, 3... 9, nous verrions immédiatement entre quels multiples le dividende est contenu et nous trouverions immédiatement et sans hésitation le quotient (**67**, cor. 4). Il faut nous passer de cette connaissance par un tâtonnement bien dirigé.

1° Divisons successivement par 700 et par 800, ce que nous savons faire (**84**); nous obtiendrons ainsi mentalement deux limites du quotient, l'une supérieure, l'autre inférieure. Dans le cas qui nous occupe, 5 et 4 sont ces limites. La partie entière du quotient est donc l'un de ces deux nombres.

2° Pour voir si la limite supérieure 5 n'est pas trop forte, nous multiplions le diviseur par 5 et nous cherchons si le produit peut se retrancher du dividende. Afin d'opérer cet essai aussi rapidement que possible, on multiplie le diviseur en commençant par la gauche et l'on dit :

5 fois 7, 35 ; de 36 reste 1, que l'on joint au reste du nombre, 49.

5 fois 6, 30 ; de 14, la soustraction est impossible.

Donc 5 est trop fort et 4 est la partie entière du quotient

par défaut. — Les essais dont nous venons de parler se font mentalement.

3° Pour avoir le reste et par suite la fraction complémentaire du quotient, il faut *multiplier le diviseur par le quotient 4 et retrancher le produit du dividende.* Ces deux opérations peuvent être faites simultanément en employant le principe de compensation (**53**) (**43**) ; voici comment on s'y prend et comment on énonce l'opération :

4 fois 8, 32 ; de 39 il reste 7. On a ajouté 3 dizaines au dividende

4 fois 6, 24 et 3, 27 ; de 34, 7. — On a aussi ajouté au nombre retranché les 3 dizaines ajoutées au dividende. On ajoute maintenant 3 centaines au dividende, et on les retient pour l'opération suivante :

4 fois 7, 28 et 3, 31 ; de 36, 5.

Cette méthode de soustraction ne diffère de la soustraction ordinaire que parce qu'on ajoute 1, 2, 3... unités de l'ordre supérieur suivant les besoins, tandis que dans la soustraction ordinaire il suffisait d'ajouter une seule unité d'ordre supérieur.

86. Remarque. — Quand on fait la multiplication et la soustraction en commençant par la gauche, on est averti aussi rapidement que possible que le chiffre du quotient est trop fort. On peut se demander à quel caractère on reconnaîtra, aussi rapidement que possible, qu'il est bon ?

Il est facile de voir que *le chiffre essayé n'est pas trop fort, si l'un des restes obtenus est supérieur au premier chiffre suivant à multiplier dans le diviseur.* — Reprenons l'opération ci-dessus :

3649	768
8	4

et essayons 4, nous dirons : 4 fois 7, 28 ; de 36 il reste 8.

8 étant supérieur à 6 du diviseur, on peut affirmer que 4 est bon.

En effet, il reste au dividende 849 et l'on a :

$$849 > 680$$
$$> 68.10$$
$$> 68.4 \quad \text{à fortiori.}$$

Donc les soustractions suivantes réussiront toutes.

PROPOSITION XXII.

87. Problème. — *Division de deux nombres quelconques entiers.*

Soit, par exemple, à diviser 678901 par 287.

Il s'agit de prendre la 287e partie (**59**) du dividende. Nous allons décomposer le dividende en diverses parties qui soient toutes des multiples du diviseur, excepté la dernière; la somme des quotients partiels donnera le quotient demandé par défaut, et la dernière partie divisée donnera le reste et par suite la fraction complémentaire (**71**).

Voici comment on dispose l'opération :

678901	287
1049	$2365 + \frac{146}{287}$
1880	
1581	
146	

et voici comment on raisonne :

1° Nous séparons sur la gauche du dividende un nombre assez grand pour contenir le diviseur. Ici, 678 mille forment le premier groupe, dont on puisse prendre la 287e partie. Nous trouvons la partie entière du quotient 2 par le problème précédent, et il nous reste 104 mille.

2° Nous changeons ces mille en *centaines* et nous y ajoutons les centaines du dividende, ce qui revient à *abaisser à la droite du reste le chiffre suivant du dividende.* Nous trouvons la partie entière de ce quotient par le problème précédent; nous obtenons 3 centaines et pour reste 188 centaines.

3° Nous réduisons ces centaines en dizaines et nous y ajoutons les dizaines du dividende, ce qui revient à abaisser à la droite du reste les dizaines du dividende. Puis nous prenons de nouveau la 287e partie de ce nombre par le problème précédent. Nous obtenons 6 dizaines pour la partie entière de ce quotient par défaut et 158 dizaines pour reste.

4° Nous transformons de même ces dizaines en unités et nous y ajoutons celles du dividende, nous en prenons la 287e partie par le problème précédent, nous obtenons 5 pour le quotient par défaut et 146 pour reste. Le quotient complet est donc

$$2365 + \frac{146}{287}.$$

En résumé, l'esprit de la méthode consiste dans le partage du dividende en portions formées d'unités de divers ordres dont on prend une partie aliquote marquée par le diviseur. On prend la partie entière de cette partie aliquote pour le groupe des unités de l'ordre le plus élevé, il reste alors un certain nombre d'unités de cet ordre que l'on transforme en unités de l'ordre immédiatement inférieur pour former le groupe suivant, sur lequel on raisonne comme sur le premier. On est ramené chaque fois au problème précédent (**85**).

88. Corollaire 1. — Le procédé que nous venons de donner pour trouver le quotient par défaut de deux nombres entiers, nous permet de formuler un théorème sur le nombre des chiffres du quotient. — Supposons que la première partie séparée sur la gauche du dividende ait le même nombre de chiffres que le diviseur, il est clair que le quotient *aura un nombre de chiffres marqué par la différence des nombres de chiffres des termes plus un.* — Dans le cas où le premier dividende partiel contient un chiffre de plus que le diviseur, *le nombre des chiffres du quotient sera la différence des nombres de chiffres des termes.*

PROPOSITION XXIII.

89. Problème. — *Division des fractions décimales.*

1° Supposons le *diviseur entier* et soit à diviser 678,901 par 287.

Il s'agit de prendre la 287e partie du dividende. Mais le dividende est un nombre entier de millièmes. Donc on est ramené à prendre la 287e partie d'un nombre entier (**87**). Le résultat sera un nombre entier de millièmes et le reste un certain nombre de millièmes, moindre que le diviseur. On complétera le quotient par une fraction de millième. — On voit, en résumé, que l'on exécutera une division ordinaire (**87**) sans faire attention à la virgule, et qu'on séparera au quotient autant de décimales qu'il y en a au dividende.

2° Supposons que le *diviseur soit décimal*, et soit à diviser 678,901 par 2,87.

Nous multiplierons le dividende et le diviseur par un même nombre 100 qui rende le diviseur entier, le quotient ne changera pas (**70**) et nous serons ramenés au cas précédent. Nous obtiendrons au quotient

$$236,5 + \frac{14,6}{287}$$

90. Remarque. — Nous ne nous occupons pas de la division des fractions ordinaires. Nous avons vu, en effet, qu'elle s'exécute par la multiplication de deux fractions ; que, par suite, elle se ramène à la division de deux nombres entiers (**67**).

On pourrait tirer de cette remarque la théorie de la division des fractions décimales que nous venons de traiter directement.

PROPOSITION XXIV.

91. Problème. — *Réduction d'une fraction ordinaire en fraction décimale.*

Soit à réduire une fraction ordinaire telle que $\frac{5}{8}$ en fraction décimale, c'est-à-dire en une somme de 10es, 100es.

Toute fraction peut être regardée comme le quotient du numérateur par le dénominateur (**60**, cor. 2). Donc on est ramené à faire la division de 5 par 8. D'ailleurs 5 peut se transformer en fraction décimale au moyen de zéros, placés à sa droite, après une virgule (**23**) ; on est donc enfin ramené à diviser une fraction décimale 5,000... par un nombre entier 8 (**89**). Voici comment on dispose l'opération :

$$\begin{array}{r|l} 5{,}000\ldots & 8 \\ \cline{2-2} 20 & 0{,}625 \\ 40 & \\ 0 & \end{array}$$

92. Remarque. — Cette opération ne se termine pas toujours comme dans l'exemple choisi ; on s'arrête alors à une certaine partie aliquote décimale de l'unité et l'on complète le quotient par une fraction ordinaire de cette partie aliquote. Soit, par exemple, à réduire $\frac{5}{11}$, nous aurons le résultat suivant :

$$\begin{array}{r|l} 5{,}000 & 11 \\ \cline{2-2} 60 & \\ 50 & 0{,}454 + \frac{6}{11} \text{ de millième.} \\ 6 & \end{array}$$

On voit que les chiffres du quotient se reproduisent périodiquement ; nous étudierons plus tard ces fractions périodiques indéfinies.

PROPOSITION XXV.

93. Problème. — *Réduire une fraction en une somme de fractions ayant pour dénominateurs les puissances d'un même nombre.*

Soit, par exemple, à réduire $\frac{5}{8}$ en une somme de fractions ayant pour dénominateurs 3, 9, 27, 81... Nous raisonnerons comme nous l'avons fait pour la réduction en 10es, 100es, 1000es...

$\frac{5}{8}$ représente la 8e partie de 5 unités. Réduisons 5 unités en tiers, nous avons $5^u = 5.3 = 15$ tiers; la 8e partie de 15 tiers est $\frac{1}{3}$; il reste 7 tiers.

Transformons ces tiers en 9es en multipliant par 3; nous aurons à prendre la 8e partie de $\frac{21}{9^{es}}$; nous obtiendrons $\frac{2}{9}$ et $\frac{5}{9^{es}}$ pour reste.

Nous transformons ces 9es en 27es en multipliant par 3. Nous aurons à prendre la 8e partie de $\frac{15}{27^{es}}$, nous obtenons $\frac{1}{27^e}$ au quotient et $\frac{7}{27^{es}}$ au reste.

Le quotient se complétera par la fraction ordinaire $\frac{7}{8}$ de 27e.

Voici la disposition du calcul :

$$\begin{array}{l|l} 5^u & 8 \\ \hline 5.3 = 15 \text{ tiers} & \\ \quad 7.3 = 21\ 9^{es} & \frac{1}{3}+\frac{2}{3^2}+\frac{1}{3^3}+\frac{1}{27}\cdot\frac{7}{8} \\ \quad\quad 5.3 = 15\ 27^{es} & \\ \quad\quad\quad 7 & \end{array}$$

REMARQUE. — On voit que ce problème n'est que la généralisation du problème de la transformation d'une fraction ordinaire en fraction décimale.

§ 6. — PROPRIÉTÉS DES RAPPORTS. — PROPORTIONS.

94. Définitions. — Nous avons déjà dit (**70**) que le *rapport* de deux nombres quelconques A et B, entiers ou fractionnaires, est le *quotient* de ces deux nombres. Ce rapport s'indique par la notation des fractions (**70**)

$$\frac{A}{B},$$

et par définition (**67**) on a l'*identité*

$$\frac{A}{B}\times B = A.$$

Si l'on effectue, suivant les règles données (**67**), la division de A par B, on trouve, comme résultat final, un nombre entier ou fractionnaire.

De l'identité précédente nous avons déduit (**70**) ce théorème important, que *les rapports se traitent, dans les calculs, comme les fractions ordinaires*, quoique les termes ne soient pas nécessairement des nombres entiers.

On nomme *proportion* l'expression de l'égalité de deux rapports égaux; la formule d'une proportion est donc

$$\frac{A}{B} = \frac{A'}{B'}.$$

A et B' sont les *extrêmes*, B et A' sont les *moyens*.

Si dans une proportion les moyens sont égaux, si l'on a

$$\frac{A}{M} = \frac{M}{B},$$

le nombre M s'appelle *moyen proportionnel*, ou *moyen géométrique entre* A *et* B.

PROPOSITION XXVI.

95. Théorème. — *Dans toute proportion, le produit des extrêmes est égal au produit des moyens.*

Soit la proportion

$$\frac{A}{B} = \frac{A'}{B'}.$$

Réduisons les deux rapports égaux au même dénominateur, en multipliant par B' les deux termes du premier et par B les deux termes du second (**70**, **66**), il viendra

$$\frac{AB'}{BB'} = \frac{BA'}{BB'}.$$

Les deux rapports étant égaux et les diviseurs étant les mêmes, nous avons

$$AB' = BA'.$$

C. q. f. d.

PROPOSITION XXVII.

96. Théorème. — *Réciproquement, si quatre nombres* A, B, A′, B′, *sont tels, que le produit des extrêmes soit égal au produit des moyens, ils forment une proportion.*

En effet, si

$$AB' = BA',$$

divisons les deux membres par BB′, nous aurons la proportion

$$\frac{AB'}{BB'} = \frac{BA'}{BB'},$$

qui se réduit à

$$\frac{A}{B} = \frac{A'}{B'}. \qquad \textbf{(70)}$$

C. q. f. d.

97. Corollaire 1. — De ce théorème il résulte qu'on peut faire subir à une proportion toutes les transformations qui laissent le produit des extrêmes égal au produit des moyens, et l'écrire sous les diverses formes suivantes :

$$\frac{A}{B} = \frac{A'}{B'} \qquad \frac{A'}{B'} = \frac{A}{B}$$
$$\frac{A}{A'} = \frac{B}{B'} \qquad \frac{A'}{A} = \frac{B'}{B}$$
$$\frac{B}{A} = \frac{B'}{A'} \qquad \frac{B'}{A'} = \frac{B}{A}$$
$$\frac{B}{B'} = \frac{A}{A'} \qquad \frac{B'}{B} = \frac{A'}{A}$$

98. Corollaire 2. — Trois termes d'une proportion étant

connus, le quatrième en est une conséquence. Car si

$$\frac{A}{B} = \frac{A'}{B'},$$

on en déduit

$$AB' = BA',$$

par suite

$$B' = \frac{BA'}{A}.$$

99. Corollaire 3. — On peut trouver la moyenne proportionnelle de deux nombres donnés ; car, si

$$\frac{A}{M} = \frac{M}{B},$$

on en déduit

$$M^2 = AB ;$$

donc il suffit d'*extraire la racine de* AB, c'est-à-dire de trouver un nombre dont le carré soit AB.

PROPOSITION XXVIII.

100. Théorème. — *Dans une suite de rapports égaux, la somme des numérateurs, divisée par la somme des dénominateurs, donne un rapport égal à chacun des premiers.*

Supposons

$$\frac{A}{B} = \frac{A'}{B'} = \frac{A''}{B''}.$$

Nous avons, par définition (**67**) :

$$\frac{A}{B} \cdot B = A,$$

$$\frac{A}{B} \cdot B' = A',$$

$$\frac{A}{B} \cdot B'' = A'' ;$$

donc, en ajoutant membre à membre (**61**),

$$\frac{A}{B}(B+B'+B'')=A+A'+A'',$$

ou, ce qui est la même chose,

$$\frac{A}{B}=\frac{A+A'+A''}{B+B'+B''}.$$

C. q. f. d.

101. Corollaire 1. — On prouverait de la même manière que

$$\frac{A}{B}=\frac{A+A'-A''}{B+B'-B''};$$

on peut donc ajouter ou soustraire les numérateurs, pourvu que l'on fasse la même opération sur les dénominateurs correspondants.

102. Corollaire 2. — Rien n'empêche de préparer les rapports, en multipliant préalablement les deux termes par un même nombre; on peut donc écrire le théorème général que voici :

$$\frac{A}{B}=\frac{A'}{B'}=\frac{A''}{B''}=\frac{Am+A'm'+A''m''}{Bm+B'm'+B''m''}.$$

103. Corollaire 3. — On peut d'abord élever au carré les rapports, et l'on aura

$$\frac{A^2}{B^2}=\frac{A'^2}{B'^2}=\frac{A''^2}{B''^2}=\frac{AA'}{BB'}=\frac{AA''}{BB''}\cdots\cdots=\frac{A^2+A'^2+A''^2+AA'+\ldots}{B^2+B'^2+B''^2+BB'+\ldots}.$$

Donc

$$\frac{A}{B}=\frac{A'}{B'}=\frac{A''}{B''}=\frac{\sqrt{AA'}}{\sqrt{BB'}}=\frac{\sqrt{AA''}}{\sqrt{BB''}}\cdots\cdots=\frac{\sqrt{A^2+A'^2+A''^2+AA'+\ldots}}{\sqrt{B^2+B'^2+B''^2+BB'+\ldots}}.$$

Ces égalités sont souvent utiles.

PROPOSITION XXIX.

104. Théorème. — *Dans une suite quelconque de rapports, la somme des numérateurs, divisée par la somme des dénominateurs, donne un rapport compris entre le plus grand et le plus petit des rapports donnés.*

Soient les rapports

$$\frac{A}{B} \quad \frac{A'}{B'} \quad \frac{A''}{B''} \quad \frac{A'''}{B'''}$$

rangés par ordre de grandeurs décroissantes. Nous aurons par définition :

$$A = \frac{A}{B} \cdot B \qquad \text{et} \qquad A = \frac{A}{B} \cdot B > \frac{A'''}{B'''} \cdot B$$

$$A' = \frac{A'}{B'} \cdot B' < \frac{A}{B} \cdot B' \qquad A' = \frac{A'}{B'} \cdot B' > \frac{A'''}{B'''} \cdot B'$$

$$A'' = \frac{A''}{B''} B'' < \frac{A}{B} \cdot B'' \qquad A'' = \frac{A''}{B''} \cdot B'' > \frac{A'''}{B'''} \cdot B''$$

$$A''' = \frac{A'''}{B'''} \cdot B''' < \frac{A}{B} \cdot B''' \qquad A''' = \frac{A'''}{B'''} \cdot B'''$$

De là on déduit

$$A + A' + A'' + A''' < \frac{A}{B}(B + B' + B'' + B''')$$

et

$$A + A' + A'' + A''' > \frac{A'''}{B'''}(B + B' + B'' + B''').$$

Donc (**67**)

$$\frac{A + A' + A'' + A'''}{B + B' + B'' + B'''} < \frac{A}{B}$$

et

$$\frac{A + A' + A'' + A'''}{B + B' + B'' + B'''} > \frac{A'''}{B'''}.$$

C. q. f. d.

105. COROLLAIRE. — *Quand on ajoute un même nombre aux deux termes d'un rapport, on le rapproche de l'unité.* En effet, soient le rapport et l'unité

$$\frac{A}{B} \text{ et } 1.$$

Nous pouvons mettre l'unité sous la forme du rapport $\frac{m}{m}$.

Donc, en appliquant le théorème précédent, nous pouvons dire que

$$\frac{A+m}{B+m}$$

est compris entre $\frac{A}{B}$ et 1 ; donc le premier rapport s'est approché de l'unité.

---

106. Remarque générale sur l'ensemble des deux premiers livres de l'arithmétique. — Ces deux livres traitent des quatre opérations fondamentales, Addition, Soustraction, Multiplication, Division, appliquées aux nombres entiers ou fractionnaires. On peut, à l'aide des principes exposés et des problèmes fondamentaux résolus, faire tous les calculs nécessaires à la solution d'un problème n'exigeant que l'emploi des quatre premières opérations. Il existe des recueils intéressants de problèmes divers ; nous citerons en particulier celui de M. Saigey. Nous nous dispenserons donc d'en formuler dans cet ouvrage, consacré uniquement à l'exposition des principes.

PROGRAMME DU LIVRE II

§ 1. *Définitions.* — Multiplication. — Multiplications successives. — Exposant, puissances. — Division.

§ 2. *Propriétés des produits.* — Multiplication d'une somme par un nombre. — Multiplication d'un nombre par une somme. — Multiplication d'une différence par un nombre. — Multiplication d'un nombre par une différence. — Multiplication de deux polynomes. — Multiplication de deux fractions. — Inversion des facteurs dans un produit quelconque.

§ 3. *Propriétés des quotients.* — Quotient de deux nombres quelconques entiers ou fractionnaires. — Si le dividende est multiplié par un nombre, le quotient est multiplié par le même nombre. — Si le diviseur est multiplié par un nombre, le quotient est divisé par ce nombre. — Si le dividende et le diviseur sont multipliés par un même nombre, le quotient ne change pas. — Division d'une somme par un nombre. — Division d'un nombre par un produit.

§ 4. *Problèmes sur la multiplication.* — Multiplication de deux nombres d'un seul chiffre. — Multiplication d'un nombre entier quelconque par un nombre d'un seul chiffre. — Multiplication par un chiffre suivi de zéros. — Multiplication par un nombre quelconque. — Multiplication de deux fractions ordinaires, de deux fractions décimales.

§ 5. *Problèmes sur la division.* — Division par un nombre d'un seul chiffre, le quotient étant moindre que 10. — Division par un nombre d'un seul chiffre suivi de zéros, le quotient étant moindre que 10. — Division par un nombre entier quelconque, le quotient étant moindre que 10. — Division de deux nombres entiers quelconques. — Division des fractions décimales. — Réduction d'une fraction ordinaire en fractions décimales. — Réduction d'une fraction en une somme d'autres fractions ayant pour dénominateurs les puissances d'un même nombre.

COMPLÉMENTS DU LIVRE II

1. Systèmes divers de numération écrite. — Pour écrire avec dix caractères, tous les nombres possibles, nous avons fait cette convention (**11**) :

Tout chiffre placé à la gauche d'un autre représente des unités dix fois plus fortes que les unités représentées par cet autre

Mais on peut faire d'autres conventions et écrire aussi tous les nombres avec un nombre plus ou moins grand de caractères.

Si nous convenons que tout chiffre placé à la gauche d'un autre représente des unités *deux* fois plus fortes, nous aurons le système *binaire* de numération écrite et deux chiffres, 0,1, suffiront pour représenter tous les nombres.

Si nous convenons que tout chiffre placé à la gauche d'un autre représente des unités *trois* fois plus grandes, nous aurons le système *ternaire* de numération écrite, et trois chiffres, 0, 1, 2, suffiront pour représenter tous les nombres.

Si nous convenons que tout chiffre placé à la gauche d'un autre représente des unités *douze* fois plus grandes, nous aurons le système *duodécimal* de numération écrite, et douze chiffres,

$$0\ 1\ 2\ 3\ 4\ 5\ 6\ 7\ 8\ 9\ \delta\ \omega,$$

suffiront pour figurer tous les nombres. Ainsi de suite.

Ces divers systèmes de numération donnent lieu à des problèmes intéressants que nous allons résoudre.

PROPOSITION I.

2. Problème. — *Un nombre étant écrit dans le système décimal, l'écrire dans un autre système de base donnée.*

Soit, par exemple, le nombre 3542 du système décimal ; il s'agit de l'écrire dans le système duodécimal ; voici comment nous raisonnerons :

1° Puisqu'il faut douze unités du premier ordre pour former une unité du second, autant de fois le nombre proposé contiendra 12, autant il renfermera d'unités du second ordre, et le reste sera le nombre des unités du premier ordre, ou le premier chiffre à droite du nombre inconnu.

2° En divisant de même par 12 le nombre des unités du second ordre, on trouvera le nombre des unités du troisième, et le reste sera le second chiffre du nombre inconnu.

3° On continuera ainsi jusqu'à ce que le quotient soit inférieur à 12 ; ce dernier quotient sera le dernier chiffre à gauche du nombre.

Voici comment on dispose les calculs :

3542	12		
114	295	12	
62	55	24	12
2	7	0	2

Nous avons donc

$$(3542)_{10} = (2072)_{12}.$$

Les indices désignent les bases.

Remarque. — Si l'on veut traduire un nombre dans le système binaire, on le divise successivement par 2, et les restes 0 ou 1 que l'on obtient sont les chiffres successifs du nombre traduit ; on peut donc employer la disposition suivante : sur une première colonne à gauche d'une ligne verticale on écrit les quotients successifs et à droite les restes :

3542	
1771	0
885	1
442	1
221	0
110	1
55	0
27	1
13	1
6	1
3	0
1	1
	1

Donc

$$(3542)_{10} = (110111010110)_2.$$

On voit par cet exemple que si le système binaire a l'avantage de représenter un nombre quelconque à l'aide de deux chiffres seulement, il a l'inconvénient d'exiger, pour un nombre assez faible, un grand nombre de ces deux caractères.

PROPOSITION II.

3. Problème. — *Écrire dans le système décimal un nombre écrit dans un autre système.*

Soit à écrire dans le système *décimal* le nombre 45678 écrit dans le système *duodécimal*.

D'après la convention fondamentale de ce système,

$$\begin{aligned}(8)_{12} &= 8 &&= (8)_{10}\\ (70)_{12} &= 7.12 &&= (84)_{10}\\ (600)_{12} &= 6.12^2 &&= (864)_{10}\\ (5000)_{12} &= 5.12^3 &&= (8640)_{10}\\ (40000)_{12} &= 4.12^4 &&= (82944)_{10}\end{aligned}$$

Donc, en faisant la somme des résultats obtenus,

$$(45678)_{12} = (92540)_{10}.$$

4. Corollaire. — La solution de ces deux problèmes montre que tout nombre peut être exprimé dans un système de numération quelconque, et l'on peut passer d'un système donné à un autre quelconque en passant d'abord du système donné dans le système décimal, pour aller ensuite du système décimal au système nouveau indiqué.

PROPOSITION III.

5. Problème. — *Faire l'addition de nombres écrits dans un système quelconque.*

Supposons que nous ayons à faire l'addition suivante, les nombres étant écrits dans le système septénaire :

$$\begin{array}{r} 3456 \\ 5045 \\ 2346 \\ 462 \\ 524 \\ \hline 15532 \end{array}$$

Nous dirons :

6, 11, 17, 19, 23 ; je pose 2 et je retiens 3.
8, 12, 16, 22, 24 ; je pose 3 et je retiens 3.
7, 10, 14, 19 ; je pose 5 et je retiens 2.
5, 10, 12 ; je pose 5 et j'avance 1.

Le procédé est donc entièrement semblable à celui de l'addition des nombres décimaux ; il suffit de remarquer qu'il faut 7 unités de chaque ordre pour composer une unité de l'ordre immédiatement supérieur.

Remarque. — On voit que la lecture des nombres est inutile dans cette opération.

PROPOSITION IV.

6. Problème. — *Faire la soustraction de deux nombres écrits dans un système quelconque.*

Soit à faire la soustraction des deux nombres suivants, écrits dans le système duodécimal :

```
 85∂1ω
 59ω87
──────
 27∂54
```

Nous raisonnerons d'une façon analogue à celle qui nous a servi à effectuer la soustraction de deux nombres décimaux quelconques, et nous dirons :

7 de 11, 4.
8 de 13, 5 et je retiens 1.
12 de 22, 10 et je retiens 1.
10 de 17, 7 et je retiens 1.
6 de 8, 2.

PROPOSITION V.

7. Problème. — *Multiplier deux nombres écrits dans un système quelconque.*

Soit à multiplier les deux nombres 5642 et 374 écrits dans le système *octaval*. Les principes qui nous serviront seront les mêmes que ceux qui nous ont servi dans la multiplication des nombres entiers; la composition des ordres successifs exigera seule quelque attention, parce que la numération parlée n'est pas conforme à la numération écrite.

Voici le calcul :

```
    5642
     374
 ───────
   27210
  50556
 21346
 ───────
 2671570
```

Nous disons :

4 f. 2, 8... 0... je retiens 1.
4 f. 4, 16, 17... 1... je retiens 2.

4 f. 6, 24, 26... 2... je retiens 5.
4 f. 5, 20, 25... 7... je retiens 2.
Etc.

8. Corollaire 1. — De là résulte un nouveau moyen de transformer un nombre du système décimal en un autre du système *octaval* par exemple, au moyen de la multiplication.

Soit à transformer dans le système octaval le nombre 7842 du système décimal :

$$2 = (2)_8 \ldots\ldots\ldots \quad 2$$
$$40 = 4.10 = (4.12)_8 \ldots\ldots \quad 50$$
$$800 = 8.10.10 = (10.12.12)_8 \ldots\ldots \quad 1440$$
$$7000 = 7.10.10.10 = (7.12.12.12)_8 \ldots \quad 15530$$
$$(7842)_{10} = \ldots\ldots\ldots\ldots \quad (17242)_8$$

Ce procédé est cependant moins commode que le premier, parce que les calculs s'exécutent tous dans un système autre que le système décimal.

9. Corollaire 2. — De là résulte donc le moyen de passer, sans intermédiaire, d'un système dans un autre. Traduisons par ce procédé le nombre $(17242)_8$ dans le système duodécimal, nous aurons .

$$(2)_8 = \ldots\ldots\ldots\ldots \quad (2)_{12}$$
$$(40)_8 = (4.8)_{12} = \ldots\ldots \quad (28)_{12}$$
$$(200)_8 = (2.8.8)_{12} = \ldots\ldots \quad (\delta 8)_{12}$$
$$(7000)_8 = (7.8.8.8)_{12} = \ldots\ldots \quad (20\delta 8)_{12}$$
$$(10000)_8 = (8.8.8.8)_{12} = \ldots\ldots \quad (2454)_{12}$$

En ajoutant nous obtiendrons :

$$(17242)_8 = (4656)_{12}$$

PROPOSITION VI.

10. — *Division de deux nombres écrits dans un système quelconque.*

Soit à diviser 870542 par 265 écrits dans le système dont la base serait 9.

On dispose l'opération et l'on raisonne comme dans le

système décimal, en faisant les soustractions par la méthode de compensation :

```
870542 | 265
 555   |------------
 2604  | 3287 + 83/265
  2202 |
    83
```

PROPOSITION VII.

11. Problème. — *Évaluer une fraction quelconque en fraction duodécimale.*

Soit à évaluer, par exemple, $\frac{5}{7}$ en fractions ayant pour dénominateurs les diverses puissances de 12. Nous procéderons comme au n° **93**, seulement notre écriture sera celle des fractions décimales :

```
50     | 7
 40    |----------
  60   | 0,86α351
   20
    50
     10
      5
```

N'oublions pas que chaque 0 mis à la droite du reste équivaut à une multiplication par 12 et que les chiffres placés à la droite de la virgule représentent des unités de 12 en 12 fois plus faibles les unes que les autres.

Nous nous bornerons à ces exercices sur les divers systèmes de numération ; on peut les multiplier en prenant pour guides ceux que nous avons donnés dans le second livre sur le système décimal.

LIVRE III

DIVISIBILITÉ — PLUS GRAND COMMUN DIVISEUR — PLUS PETIT MULTIPLE COMMUN NOMBRES PREMIERS

§ 1. — DÉFINITIONS.

107. Diviseur. — On appelle *diviseur* d'un nombre tout nombre qui y est contenu un nombre exact de fois.

108. Multiple. — Un nombre est appelé *multiple* d'un autre, quand il le contient un nombre exact de fois.

109. Commun diviseur. — Un nombre est dit *commun diviseur* de deux ou plusieurs autres, lorsqu'il divise chacun d'eux. *Le plus grand commun diviseur* est le plus grand des diviseurs communs. Nous le désignerons par Δ.

110. Commun multiple. — Un nombre est dit *commun multiple* de deux ou plusieurs autres, lorsqu'il est divisible par chacun d'eux. Le *plus petit commun multiple* est le plus petit des multiples communs. Nous le désignerons par μ.

§ 2. — PROPRIÉTÉS GÉNÉRALES DES DIVISEURS.

PROPOSITION I.

111. Théorème. — *Un nombre admet toujours comme diviseurs l'unité et lui-même.*

Ce théorème est évident, d'après la définition **107**.

112. Corollaire. — Un nombre est dit *premier*, quand il n'admet pas d'autres diviseurs que lui-même et l'unité. — 2, 3, 5, 7, 11 sont des nombres premiers.

PROPOSITION II.

113. **Théorème.** — *L'unité est toujours un diviseur commun à deux ou plusieurs nombres.*

Conséquence évidente de la définition **109**.

114. Corollaire. — Deux ou plusieurs nombres sont dits *premiers entre eux*, lorsqu'ils n'ont pas d'autre diviseur commun que l'unité.

PROPOSITION III.

115. **Théorème.** — *Le produit de deux ou plusieurs nombres est toujours un commun multiple de ces nombres.*

Conséquence évidente de la définition **110**.

PROPOSITION IV.

116. **Théorème.** — *Si un nombre est diviseur de deux ou plusieurs autres, il est diviseur de leur somme.*

En effet, si A, B, C contiennent exactement chacun un certain nombre de fois un diviseur quelconque, la somme A + B + C contiendra aussi un nombre exact de fois ce même diviseur, qui joue ici le rôle d'une unité. Le théorème est ainsi ramené à la notion fondamentale de l'addition.

On peut encore dire : si

$$A = Dq, \qquad B = Dq', \qquad C = Dq'',$$

on aura

$$\begin{aligned} A + B + C &= Dq + Dq' + Dq'' \\ &= D(q + q' + q''). \qquad (\mathbf{60}, \text{ ou } \mathbf{61}) \end{aligned}$$

C. q. f. d.

117. Corollaire. — Si un nombre est diviseur d'un autre, il est diviseur de ses multiples. Tout multiple d'un nombre A est, en effet, la somme de plusieurs nombres égaux à A.

PROPOSITION V.

118. Théorème. — *Si un nombre est diviseur de deux autres, il est diviseur de leur différence.*

En effet, si deux nombres A et B contiennent chacun D un nombre exact de fois, leur différence contiendra évidemment D un nombre exact de fois, car D est un groupe d'unités que l'on peut considérer comme unité principale.

On peut encore dire · si

$$A = Dq, \qquad B = Dq',$$

on aura

$$A - B = Dq - Dq' = D(q - q'). \qquad \textbf{(63)}$$

PROPOSITION VI.

119. Théorème. — *Si un nombre en divise deux autres, il divise le reste de leur division.*

En effet, soient A et B deux nombres, Q le quotient par défaut (**67**) de leur division, R le reste, nous avons

$$A = BQ + R.$$

Tout diviseur commun de A et B divise BQ multiple de B (**117**), par suite la différence R (**118**).

120. Corollaire. — Le théorème est encore vrai pour le reste négatif (**67**), en prenant le quotient par excès.

PROPOSITION VII.

121. Théorème. — *Si un nombre se compose d'un multiple du diviseur et d'une autre partie, on obtiendra le reste de la division du nombre par ce diviseur, en divisant la seconde partie.*

En effet, si, D étant un diviseur, on a

$$A = Dq, \qquad B = Dq' + R,$$

on en déduira, pour la somme C de ces deux nombres,

$$C = A + B = D(q + q') + R.$$

Ainsi le reste de la division de C par D sera bien R, reste de la division de la seconde partie.

On peut encore dire : Pour trouver le reste de la division d'un nombre C par D, il suffit de retrancher D autant de fois que possible de C ; on retranchera donc A d'abord, qui vaut un nombre exact de fois D ; il suffira maintenant de retrancher D autant de fois que possible de B ; c'est donc B qui donnera le reste.

§ 3. — CARACTÈRES DE DIVISIBILITÉ.

PROPOSITION VIII.

122. Théorème. — *Le reste de la division d'un nombre par 2 ou 5 s'obtient en cherchant celui que donne le dernier chiffre à droite.*

En effet, tout nombre tel que 5437 peut se décomposer en dizaines et unités. Or 10 étant divisible par 2 ou 5, un nombre quelconque de dizaines est divisible par 2 ou 5 (**104**) ; donc, d'après le théorème précédent, c'est le chiffre des unités qui donnera le reste.

123. COROLLAIRE. — Pour qu'un nombre soit divisible par 2 ou 5, il faut et il suffit que le dernier chiffre le soit.

Pour qu'un nombre soit divisible par 2, il faut et il suffit qu'il soit terminé par l'un des chiffres pairs 0, 2, 4, 6, 8.

Pour qu'un nombre soit divisible par 5, il faut et il suffit qu'il soit terminé par 0 ou 5.

PROPOSITION IX.

124. Théorème. — *Le reste de la division d'un nombre par 4 ou 25 s'obtient en cherchant celui que donne le nombre formé par les deux derniers chiffres à droite.*

En effet, soit le nombre 5437; on peut le décomposer en centaines et unités.

$$5437 = 5400 + 37.$$

La première partie étant un multiple de 100, est divisible exactement par 4 ou 25 (**117**). Donc 37 donnera le reste demandé (**121**).

125. Corollaire 1. — Pour qu'un nombre soit divisible par 4 ou 25, il faut et il suffit que le nombre formé par les deux derniers chiffres le soit.

126. Corollaire 2. — On trouverait facilement la règle qui donnerait le reste de la division d'un nombre par 8 ou 125.

PROPOSITION X.

127. Théorème. — *Pour trouver le reste de la division d'un nombre par 9 ou 3, il suffit de chercher celui que donne la somme des chiffres significatifs.*

Nous désignerons par M un quotient quelconque entier, et pour dire que A est multiple de D, nous écrirons $A = MD$. Cela posé :

1° Toute puissance de 10 est un multiple de 9 plus 1. Car

$$10 = 9 + 1 = M9 + 1,$$
$$100 = 99 + 1 = M9 + 1,$$
$$\dots \quad \dots\dots$$

2° Un nombre suivi de zéros est un multiple de 9 plus ce nombre; car, par exemple,

$$\begin{aligned} 27000 &= 1000 \times 27 && (\mathbf{22}) \\ &= (M9 + 1)\,27 && (\mathbf{127}, 1°) \\ &= M9 + 27. && (\mathbf{60}) \end{aligned}$$

3° Un nombre quelconque est un multiple de 9 plus la somme de ses chiffres; car prenons, comme exemple, 58637, nous aurons

$$\begin{aligned} 50000 &= M9 + 5 \qquad (\mathbf{127}, 2°) \\ 8000 &= M9 + 8 \\ 600 &= M9 + 6 \\ 30 &= M9 + 3 \\ 7 &= \ 7 \end{aligned}$$

Donc

$$58637 = M9 + (7 + 3 + 6 + 8 + 5).$$

Donc la parenthèse, ou la somme des chiffres significatifs, donnera le reste de la division du nombre par 9.

On obtiendra simplement ce reste en ajoutant les chiffres et en ôtant 9, à mesure, autant de fois que possible; ici on trouve 2.

Remarque. — Le raisonnement relatif au diviseur 3 est identique à celui que nous venons de faire pour 9.

128. Corollaire 1. — Pour qu'un nombre soit divisible par 9 ou 3, il faut et il suffit que la somme des chiffres le soit.

129. Corollaire 2. — On peut facilement aussi trouver le quotient. En effet, on a pour une puissance de 10 quelconque

$$1000 = 999 + 1 = 111.9 + 1\ ;$$

donc on peut poser successivement :

$$\begin{aligned} 50000 &= 5555.9 + 5 \\ 8000 &= 888.9 + 8 \\ 600 &= 66.9 + 6 \\ 30 &= 3.9 + 3 \\ 7 &= 7 \end{aligned}$$

par conséquent

$$58637 = (5555 + 888 + 66 + 3).9 + (7 + 3 + 6 + 8 + 5),$$

ou bien, en changeant l'ordre des nombres ajoutés,

$$58637 = (5863 + 586 + 58 + 5).9 + (7 + 3 + 6 + 8 + 5).$$

Le quotient s'obtient donc en ajoutant au nombre de la première parenthèse le nombre de fois que 9 est contenu dans la somme des chiffres.

PROPOSITION XI.

130. Théorème. — *Le reste de la division d'un nombre par 11 s'obtient en cherchant celui que donne la différence entre la somme des chiffres de rang impair (à partir de la droite) et la somme des chiffres de rang pair. On obtient ainsi tantôt le reste positif, tantôt le reste négatif.*

En effet : 1° Étudions les restes donnés par les diverses puissances de 10, nous avons :

$$\begin{aligned} 10 &= 0.11 + 10 = \text{M}11 - 1 \\ 100 &= 9.11 + 1 = \text{M}11 + 1 \\ 1000 &= \text{M}11 + 10 = \text{M}11 - 1 \\ 10000 &= \text{M}11 + 100 = \text{M}11 + 1 \\ 100000 &= \text{M}11 + 10 = \text{M}11 - 1 \end{aligned}$$

Donc l'unité suivie d'un nombre pair de zéros est un multiple de 11 plus 1, et l'unité suivie d'un nombre impair de zéros est un multiple 11 moins 1.

2° Tout nombre suivi de zéros sera donc un multiple de 11 plus ou moins ce nombre, suivant que les zéros seront en nombre pair ou impair.

3° Soit maintenant, par exemple, le nombre 876.342.534. Nous aurons :

$$\begin{aligned} 800.000.000 &= \text{M}11 + 8 \\ 70.000.000 &= \text{M}11 - 7 \\ 6.000.000 &= \text{M}11 + 6 \\ 300.000 &= \text{M}11 - 3 \\ 40.000 &= \text{M}11 + 4 \\ 2.000 &= \text{M}11 - 2 \\ 500 &= \text{M}11 + 5 \\ 30 &= \text{M}11 - 3 \\ 4 &= 4 \end{aligned}$$

Donc

$$\begin{aligned} 876.342.534 &= \text{M}11 + (4 + 5 + 4 + 6 + 8) - (3 + 2 + 3 + 7) \\ &= \text{M}11 + 27 - 15. \end{aligned}$$

C'est donc la différence 27 — 15 qui fera connaître le reste final (121). On voit donc que cette règle fera connaître tantôt le reste positif, tantôt le reste négatif ; on passe d'ailleurs facilement de l'un à l'autre, puisque leur somme est égale au diviseur 11.

131. COROLLAIRE 1. — Pour qu'un nombre soit divisible par 11, il faut et il suffit que la différence entre la somme des chiffres de rang impair et la somme des chiffres de rang pair le soit.

132. COROLLAIRE 2. — On voit facilement que, si l'on partage le nombre en tranches de deux chiffres à partir de la droite, le nombre peut être regardé comme un multiple de 11, plus la somme de ses tranches de deux chiffres.

§ 4. — PREUVES DES OPÉRATIONS PAR LES DIVISEURS 9, 11...

PROPOSITION XII.

133. Théorème. — *Le reste d'une somme ou d'une différence pour un diviseur quelconque est égal au reste de la somme ou de la différence des restes pour le même diviseur.*

En effet, si

$$A = M9 + A',$$
$$B = M9 + B',$$
$$C = M9 + C',$$

on aura

$$A + B - C = M9 + (A' + B' - C').$$

Donc, c'est en prenant le reste donné par $(A' + B' - C')$ qu'on aura celui que donnerait $(A + B - C)$.

C. q. f. d.

134. COROLLAIRE. — On voit, par ce théorème, qu'on peut trouver le reste d'une somme ou d'une différence sans la connaître. D'ailleurs on peut la trouver directement après l'addition ou la soustraction. De là on tire une *preuve* par 9, 11... de l'addition et de la soustraction.

On emploie de préférence le diviseur 9,

1° Parce qu'on peut trouver facilement le reste;

2° Parce que le calcul du reste fait intervenir à peu près tous les chiffres du nombre.

PROPOSITION XIII.

135. Théorème. — *Le reste d'un produit, pour un diviseur quelconque, est égal au reste que donne le produit des restes des facteurs.*

1° Cas de deux facteurs. — Soient A et B deux facteurs, 9 le diviseur et soient :

$$A = M9 + A',$$
$$B = M9 + B'.$$

Nous en déduisons (**64**)

$$AB = M9 + A'B',$$

car, des quatre produits partiels obtenus, trois sont des multiples de 9. Donc c'est A'B' qui donnera le reste de la division du produit AB par 9 (**121**).

2° Cas de plusieurs facteurs. — Soient plusieurs facteurs A, B, C, D et supposons :

$$A = M9 + A',$$
$$B = M9 + B',$$
$$C = M9 + C',$$
$$D = M9 + D'.$$

Le produit des deux premiers nombres donne

$$AB = M9 + A'B',$$

donc

$$ABC = M9 + A'B'C',$$

donc

$$ABCD = M9 + A'B'C'D',$$

Par suite, c'est A'B'C'D' qui donnera le reste de la division du produit ABCD par 9 (**121**).

136. Corollaire 1. — Ce théorème permet de faire rapidement la *preuve* d'une multiplication par 9, 11... On cherche d'abord, au moyen des facteurs donnés, le reste du produit; puis, après avoir exécuté la multiplication, on cherche directement le reste du produit. Les deux résultats doivent être identiques.

On peut se servir d'un diviseur quelconque; on préfère 9 pour les raisons déjà données (**134**).

137. Corollaire. — Les théorèmes (**133**, **135**) permettent aussi de faire la preuve par 9 de la division de deux nombres entiers. Soient A le dividende, B le diviseur, Q le quotient par défaut, R le reste positif, on a

$$A = BQ + R;$$

d'où l'on voit que *le reste du produit* BQ *ajouté au reste donné par* R *fait en somme le reste du dividende* A.

§ 5. — PLUS GRAND COMMUN DIVISEUR DE DEUX NOMBRES.

PROPOSITION XIV.

138. Théorème. — *Si l'un des deux nombres divise l'autre, il est lui-même le* Δ *demandé.*

(Nous désignerons toujours le plus grand commun diviseur par la lettre Δ.)

Soient A et B deux nombres entiers; B le plus petit.

Le Δ des deux nombres ne peut pas surpasser B, puisqu'il doit le diviser. D'ailleurs B se divise lui-même (**111**); donc s'il divise A, il est le Δ des deux nombres A et B.

139. Corollaire. — On voit donc qu'étant donnés deux nombres, on est amené, pour trouver leur Δ, à essayer la division du plus grand par le plus petit. Si cette division réussit, le plus petit des deux nombres est le Δ cherché.

PROPOSITION XV.

140. Théorème. — *Le Δ de deux nombres est le même que celui du plus petit et du reste de leur division.*

En effet, supposons que A divisé par B donne Q pour quotient et R pour reste, nous aurons l'identité

$$A = BQ + R.$$

Or : 1° tout diviseur commun à A et B divise BQ (**117**), par suite R (**118**) ; donc il est commun à B et R.

2° Tout diviseur commun à B et R, divise BQ (**117**), par suite le nombre A (**116**) ; donc il est commun à A et à B.

3° Si l'on fait d'une part le tableau des diviseurs communs à A et B, de l'autre le tableau des diviseurs communs à B et R ; ces deux tableaux seront identiques. Donc le plus grand de l'un des tableaux sera le plus grand de l'autre tableau. C. q. f. d.

141. Corollaire. — La conclusion du théorème s'applique au reste négatif de l'identité

$$A = B(Q - 1) - R',$$

que l'on obtient en prenant le quotient par excès. On peut, en effet, sur cette nouvelle identité raisonner comme sur la première. Remarquons de plus que, la somme des restes R et R′ étant égale au diviseur B, l'un des deux est toujours moindre que la moitié du nombre B.

PROPOSITION XVI.

142. Théorème. — *Si l'on divise un nombre A par un nombre moindre B, ce dernier par le reste R_1 de leur division, le reste R_1 par le second reste R_2, et ainsi de suite, le premier reste qui divisera exactement le précédent sera le Δ des nombres A et B.*

En effet, supposons que l'on ait obtenu cinq restes différents, et considérons la suite des nombres

$$A \quad B \quad R_1 \quad R_2 \quad R_3 \quad R_4 \quad R_5.$$

D'après le théorème **138**, R_5 est le Δ des nombres R_4 et R_5; mais d'après le théorème **140** il est aussi le Δ des couples

$$(R_4R_5) \quad (R_3R_2) \quad (R_2R_1) \quad (R_1B) \quad (AB)$$

C. q. f. d.

143. Remarque 1. — On abrégera les calculs en prenant chaque fois celui des deux restes qui est moindre que la moitié du diviseur (**128**).

144. Remarque 2. — Voici comment on opère dans la pratique. Soit à trouver le Δ des deux nombres 4518 et 3132.

Nous disposons ainsi l'opération :

	1	2	3	6	3
4518	3132	1386	360	54	18
1386	360	306	36	0	

Les deux dernières divisions ont été faites avec les restes négatifs. Les quotients 1, 2, 3... se placent au-dessus. — 18 est le Δ cherché.

145. Corollaire. — L'opération du Δ se termine toujours, car les restes successifs sont des nombres entiers décroissant au moins chaque fois d'une unité ; donc on arrivera toujours à un reste nul et le précédent sera le Δ demandé

PROPOSITION XVII.

146. Théorème. — *Le nombre des divisions à faire pour trouver le Δ de deux nombres, quand on s'assujettit à prendre le plus petit des deux restes comme diviseur, est inférieur à la plus haute puissance de 2 contenue dans le plus petit des deux nombres.*

En effet, soit

$$A \quad B \quad R_1 \quad R_2 \ldots \quad R_{n-1} \quad R_n$$

la série des deux nombres et des restes successifs pris comme nous venons de le dire. Le dernier reste R_n est le Δ demandé et n indique précisément le nombre des opérations faites avant d'y arriver.

Nous avons, par hypothèse,

$$R_1 < \frac{B}{2},$$
$$R_2 < \frac{R_1}{2} < \frac{B}{2^2},$$
$$R_3 < \frac{R_2}{2} < \frac{B}{2^3};$$

donc

$$R_n < \frac{B}{2^n}.$$

Or R_n est au moins égal à 1; donc B est toujours plus grand que 2^n, puisqu'il est plus grand que R_n; donc enfin n est *au plus* égal à la plus haute puissance de 2 contenue dans B.

147. Remarque 1. — Si l'on ne s'assujettit pas à prendre chaque fois le plus petit des deux restes pour diviseur, on peut trouver par un raisonnement analogue que le nombre des divisions à faire ne peut pas atteindre le double de la plus petite puissance de 2 qui surpasse le plus petit nombre. Il suffit, pour arriver à cette conclusion, de remarquer que chaque reste est moindre que la moitié du dividende; que par suite on a

$$R_2 < \frac{B}{2}, \qquad R_4 < \frac{R_2}{2} < \frac{B}{2^2} \ldots\ldots R_{2n} < \frac{B}{2^n}.$$

Si donc $2^n > B$, on ne peut pas obtenir R_{2n} qui doit être au moins égal à *un*; il ne peut pas y avoir $2n$ opérations.

148. Remarque 2. — Si dans le cours des calculs on arrive à un reste qui soit un nombre premier, à 19 par exemple, ce nombre, n'étant divisible que par lui-même et l'unité, doit diviser le reste précédent, s'il y a un commun diviseur autre que l'unité entre les deux nombres donnés.

149. Remarque 3. — Si deux restes successifs sont évidemment premiers entre eux, comme 30 et 19, par exemple, il est inutile d'aller plus loin. On peut affirmer que les deux nombres sont premiers entre eux, ou que leur Δ est 1 (**140**).

PROPOSITION XVIII.

150. Théorème. — *Tout diviseur commun à deux nombres divise leur* Δ.

En effet, l'égalité

$$A = BQ + R$$

montre que tout diviseur commun à deux nombres divise le reste R_1 (**140**). Divisant B et R_1, il divise R_2 pour la même raison, et ainsi de suite.

Donc tout diviseur commun à A et B divise les restes successifs que l'on obtient dans la recherche du Δ; donc il divise Δ qui est le dernier de ces restes.

PROPOSITION XIX.

151. Théorème. — *Lorsqu'on multiplie ou qu'on divise deux nombres par un troisième, leur* Δ *est multiplié ou divisé par ce troisième.*

En effet, de l'égalité

$$A = BQ + R_1$$

nous déduisons

$$Am = (Bm)Q + R_1 m, \qquad \textbf{(60, 66)}$$

et aussi

$$\frac{A}{m} = \frac{B}{m} \cdot Q + \frac{R_1}{m}. \qquad \textbf{(71)}$$

Si les deux premières divisions se font exactement, la dernière se fait aussi exactement (**150**).

Donc, si l'on multiplie ou si l'on divise deux nombres par

un troisième, l'on multiplie et l'on divise en même temps tous les restes successifs R_1, R_2, ..., R_n qu'on obtient dans la recherche du Δ. Donc l'on multiplie et l'on divise aussi le Δ qui est le dernier de ces restes.

PROPOSITION XX.

152. Théorème. — *Si l'on divise deux nombres par leur Δ, les quotients sont premiers entre eux.*

En effet, divisons les nombres A et B par Δ, les quotients A′ et B′ auront pour plus grand commun diviseur

$$\Delta' = \frac{\Delta}{\Delta} = 1. \qquad (\mathbf{151})$$

C. q. f. d.

153. Corollaire. — Réciproquement, si, en divisant deux nombres A et B par un troisieme Δ, les quotients A′ et B′ sont premiers entre eux, Δ est leur p. g. c. d.

En effet, soient R'_1, R'_2, R'_3..., $R'_n = 1$ les restes successifs obtenus avec les nombres A′ et B′ par des divisions successives; les deux nombres A et B donneront pour restes

$$R'_1\Delta,\quad R'_2\Delta,\quad R'_3\Delta\ldots..,\quad R'_n\Delta = \Delta, \qquad (\mathbf{151})$$

donc Δ sera le plus grand commun diviseur des nombres A et B.

PROPOSITION XXI.

154. Théorème. — *Si un nombre est premier avec les facteurs d'un produit, il est premier avec le produit.*

Supposons que N soit premier avec les divers facteurs A, B, C, D du produit ABCD, je dis que N est premier avec le produit ABCD.

N	A	1
NB	AB	B

En effet : 1° supposons que N et A soient premiers entre eux, leur Δ sera 1; donc NB et AB auront B pour Δ (**151**).

Si N et AB avaient un diviseur commun autre que l'unité, NB et AB, par suite B auraient ce diviseur (**150**); donc N et B ne seraient pas premiers entre eux, ce qui est contraire à l'hypothèse.

2° N et AB étant premiers entre eux ont 1 pour Δ; donc NC et ABC ont C pour Δ. Si N et ABC n'étaient pas premiers entre eux, ils admettraient un diviseur commun autre que l'unité; ce diviseur diviserait C (**150**); donc N et C ne seraient pas premiers entre eux, ce qui est contraire à l'hypothèse.

N	AB	1
NC	ABC	C

3° N et ABC étant premiers entre eux, leur Δ est 1. Donc ND et ABCD ont D pour Δ. Si N et ABCD n'étaient pas premiers entre eux, ils admettraient un diviseur commun autre que l'unité, qui diviserait en même temps D. Donc N et D ne seraient pas premiers entre eux, ce qui est contraire à l'hypothèse.

N	ABC	1
ND	ABCD	D

On peut continuer ce raisonnement, quel que soit le nombre des facteurs.

§ 6. — PLUS GRAND COMMUN DIVISEUR DE PLUSIEURS NOMBRES.

PROPOSITION XXII.

155. Théorème. — *Étant donnés plusieurs nombres, si le plus petit divise les autres, il est le Δ des nombres donnés.*

Même raisonnement qu'au théorème **138**.

De là résulte que pour chercher le Δ de plusieurs nombres on est amené à diviser par le plus petit tous les autres. Si toutes les divisions réussissent, le plus petit nombre sera le Δ demandé.

PROPOSITION XXIII.

156. Théorème. — *Le Δ de plusieurs nombres est le même que le Δ du plus petit et des restes que donnent les divisions des autres par le plus petit.*

Soient quatre nombres A, B, C, D, supposons-les rangés par ordre de grandeur, de telle sorte que $A > B > C > D$. Divisons A, B, C par D et soient

$$A = DQ + A',$$
$$B = DQ_1 + B',$$
$$C = DQ_2 + C';$$

puis considérons la série des quatre nombres

$$A' \quad B' \quad C' \quad D.$$

Nous prouverons, comme au théorème **140** : 1° que tout diviseur commun aux nombres donnés est commun aux nombres de la seconde série; 2° que, réciproquement, tout diviseur commun aux nombres de la seconde série est commun aux nombres donnés. De là résulte que le Δ de l'une des séries est le même que le Δ de l'autre.

157. Corollaire 1. — Nous rangerons maintenant par ordre de grandeur les quatre nouveaux nombres, nous prendrons le plus petit comme diviseur des autres et nous remplacerons la seconde série par une nouvelle, composée de nombres plus petits. Si le plus petit nombre d'une série divise les autres, il est le Δ demandé.

On voit donc que l'on peut étendre facilement à plusieurs nombres la méthode donnée pour trouver le Δ de deux nombres.

158. Corollaire 2. — Il peut arriver que quelques-uns des restes A', B'. .. soient nuls. Dans ce cas la série des nombres entre lesquels il faudrait chercher le Δ se réduirait et le calcul avancerait plus rapidement encore.

159. Corollaire 3. — Prenons, comme exemple, les quatre nombres :

$$71136 \qquad 22122 \qquad 10890 \qquad 6408$$

En divisant les trois premiers par le dernier, nous trouvons :

$$71136 = 6408.11 + 648,$$
$$22122 = 6408.\ 3 + 2898,$$
$$10890 = 6408 \quad + 4482 = 6408.2 - 1926.$$

Nous sommes ramenés à la série des quatre nombres

6408 2898 1926 648

Une nouvelle division nous donne

$$6408 = 648.10 - 72,$$
$$2898 = 648.\ 4 + 306,$$
$$1926 = 648.\ 3 - 18.$$

Nous sommes ramenés à la série des quatre nombres

648 306 72 18

Or 18 divise les trois précédents ; donc il est le Δ de ce quatre nombres ; donc, d'après le théorème, il est le Δ des quatre nombres donnés.

PROPOSITION XXIV.

160. Théorème. — *Soit* Δ *le p. g. c. d. de* A *et* B ; Δ' *le p. g. c. d. de* Δ *et* C ; Δ'' *le p. g. c. d. de* Δ' *et* D... ; *le dernier p. g. c. d. obtenu sera celui qui existe entre les nombres donnés* A, B, C, D.

En effet : 1° Δ'' divise les quatre nombres ; car il divise D et Δ', par suite C et Δ, qui sont des multiples de Δ' ; par suite B et A qui sont des multiples de Δ.

A B C D
Δ Δ' Δ''

2° Tout diviseur commun aux quatre nombres divisant A et B, divise leur Δ (**150**) ; divisant Δ et C, il divise Δ' (**150**) ; divisant Δ' et D, il divise Δ'' (**150**) ; donc il ne peut pas surpasser Δ''.

3° Donc Δ'' est le p. g. c. d. des quatre nombres donnés.

On voit donc que, pour trouver le Δ de plusieurs nombres, il suffit de chercher successivement le Δ de deux nombres (**142**).

161. Corollaire. — Les propriétés du Δ de deux nombres s'étendent facilement au Δ de plusieurs ; ainsi :

1° *Tout diviseur commun à plusieurs nombres divise leur* Δ.

2° *Si l'on multiplie ou si l'on divise plusieurs nombres par un autre, leur* Δ *est multiplié ou divisé par cet autre.*

3° *Si l'on divise plusieurs nombres par leur* Δ, *les quotients sont premiers entre eux et réciproquement.*

Ces propositions se démontrent, soit en s'appuyant sur le théorème (**157**), soit en s'appuyant sur le théorème (**160**).

§ 7. — CONSÉQUENCES IMPORTANTES DES PROPRIÉTÉS DU PLUS GRAND COMMUN DIVISEUR.

PROPOSITION XXV.

162. Théorème. — *Si un nombre divise un produit de deux facteurs et s'il est premier avec l'un des facteurs, il divise l'autre.*

Soit C un nombre divisant le produit AB et premier avec A; il faut démontrer que C divise B.

A	C	I
AB	CB	B

Or, A et C étant premiers entre eux, leur Δ est 1; donc AB et CB ont B pour Δ (**151**). Mais C divise AB, par hypothèse, et CB, dont il est facteur; donc il divise leur Δ, qui est B (**150**).

163. Corollaire 1. — *Si un nombre est premier avec les facteurs d'un produit, il est premier avec le produit.*

Soit N un nombre premier avec les facteurs A, B, C, D du produit ABCD, je dis que N et le produit sont premiers entre eux. Admettons, en effet, que N et ABCD aient un diviseur commun P autre que l'unité; ce diviseur sera nécessairement premier avec chacun des facteurs A, B, C, D, qui par hypothèse sont premiers avec N. Cela posé, P divisant ABCD et étant premier avec D, divisera ABC; divisant ABC et étant premier avec C, il divisera AB; divisant AB et étant premier avec B, il divisera A, ce qui est impossible. — Nous avons déjà démontré ce théorème (**154**).

164. Corollaire 2. — *Si deux nombres sont premiers entre eux, leurs puissances sont premières entre elles.*

Soient A et B deux nombres premiers entre eux, A^5 et B^5

les puissances considérées. A étant premier avec B, est premier avec $B.B.B = B^3$ (**154**, **163**). B^3 étant premier avec A, est premier avec $A.A.A.A.A = A^5$. — C. q. f. d.

165. Corollaire 3. — *Si un nombre est divisible séparément par plusieurs autres premiers entre eux deux à deux, il est divisible par leur produit.*

Soit N un nombre divisible par A, B, C; supposons ces nombres premiers entre eux deux à deux. Soit

$$N = AQ;$$

B divisant N doit diviser AQ; mais il est premier avec A : donc il divise Q (**149**); donc

$$Q = BQ';$$

C divise N, donc il doit diviser AQ; mais il est premier avec AB : donc il divise Q, par suite BQ'; mais il est premier avec B : donc il divise Q'; donc

$$Q' = CQ''.$$

Nous déduisons de là

$$Q = BCQ'',$$

puis

$$N = ABCQ.$$

C. q. f. d.

On déduit de là les caractères de divisibilité par les diviseurs composés et en particulier les théorèmes suivants :

1° *Pour qu'un nombre soit divisible par 6, il faut et il suffit qu'il soit divisible par 3 et 2.*

2° *Pour qu'un nombre soit divisible par 12, il faut et il suffit qu'il soit divisible par 3 et 4.*

Etc.

RF

PROPOSITION XXVI.

166. Théorème. — *Une fraction dont les deux termes sont premiers entre eux, est irréductible à une expression plus simple.*

Soit la fraction $\frac{5}{12}$ dont les deux termes sont premiers entre eux, et soit une fraction de valeur égale $\frac{a}{b}$ de telle sorte que

$$\frac{a}{b}=\frac{5}{12}.$$

Réduisons-les au même dénominateur (**36**), nous aurons

$$\frac{a.12}{b.12}=\frac{b.5}{b.12}.$$

Les dénominateurs étant les mêmes, il faut que les numérateurs soient égaux; donc

$$a.12=b.5.$$

Or 5 divise le second membre, donc il divise le premier; mais il est premier avec 12, par hypothèse : donc il divise a (**162**) et l'on a

$$a=5.q,$$

par suite

$$5.q\ 12=b.5,$$

par suite enfin, en divisant les deux membres par 5,

$$b=12.q.$$

On voit donc que *les deux termes de $\frac{a}{b}$ sont des équimultiples des termes de la fraction $\frac{5}{8}$.*

Donc la fraction $\frac{a}{b}$ a ses termes *au moins* égaux à ceux de la fraction $\frac{5}{8}$. C. q. f. d.

Corollaire. — On réduit une fraction à sa plus simple expression en divisant ses deux termes par leur Δ (**152**).

§ 8. — PLUS PETIT COMMUN MULTIPLE DE DEUX OU PLUSIEURS NOMBRES.

PROPOSITION XXVII.

167. Théorème. — *Tout multiple commun à plusieurs nombres est multiple du plus petit commun multiple.*

Nous désignerons par M un multiple quelconque de plusieurs nombres A, B, C et par μ le plus petit commun multiple.

Divisons M par μ et supposons que la division donne un reste, R, qui sera moindre que le diviseur μ, nous aurons

$$M = \mu Q + R.$$

A divisant M et μ, par hypothèse, divisera R (**150**) ; donc R serait un multiple commun aux nombres A, B, C et μ ne serait pas le plus petit multiple, ce qui est contraire à l'hypothèse.

Donc $R = 0$ et $M = \mu Q$. C. q. f. d.

168. Corollaire. — Si un nombre est divisible séparément par plusieurs autres, il est divisible par leur μ. C'est le même théorème énoncé en d'autres termes.

PROPOSITION XXVIII.

169. Théorème — *Pour qu'un multiple de plusieurs nombres soit le plus petit, il faut et il suffit que les quotients de ce multiple par ces nombres soient premiers entre eux.*

Soient M un multiple des nombres A, B, C de telle sorte que l'on ait

$$M = AA' = BB' = CC'.$$

1° Admettons que A', B', C' ne soient pas premiers entre eux et aient un diviseur commun δ, nous aurons :

$$A' = A''\delta, \qquad B' = B''\delta, \qquad C' = C''\delta,$$

par suite

$$M = AA''\delta = BB''\delta = CC''\delta.$$

Donc M est divisible par δ, et en faisant la division on aura

$$\frac{M}{\delta} = AA'' = BB'' = CC'';$$

d'où l'on voit que $\frac{M}{\delta}$ est encore un multiple des nombres A, B, C; par suite M n'est pas le plus petit multiple commun.

2° Supposons les quotients A', B', C' premiers entre eux, et admettons que M ne soit pas le plus petit multiple, que nous nommerons μ. Nous aurons

$$\mu = AA'' = BB'' = CC'',$$

et aussi (**154**)

$$M = \mu Q,$$

par suite

$$AA' = AA''Q, \qquad BB' = BB''Q, \qquad CC' = CC''Q,$$

par suite

$$A' = A''Q, \qquad B' = B''Q, \qquad C' = C''Q.$$

Ainsi, A', B', C' ne seraient pas premiers entre eux, ce qui est contraire à l'hypothèse.

Pour échapper à cette absurdité, il faut poser $Q = 1$, d'où $M = \mu$.

Donc 1° la condition est nécessaire;

2° elle est suffisante.

C. q. f. d.

PROPOSITION XXIX.

170. Théorème. — *Le μ de deux nombres est égal à leur produit divisé par leur Δ.*

Soient A et B deux nombres et Δ leur plus grand commun diviseur.

1° Le nombre $\frac{AB}{\Delta}$ est un multiple commun aux deux nombres, car

$$\frac{AB}{\Delta} = A \, . \, \frac{B}{\Delta} = B \, . \, \frac{A}{\Delta}.$$

2° Les quotients de ce multiple par les deux nombres, savoir :

$$\frac{B}{\Delta} \qquad \frac{A}{\Delta},$$

sont premiers entre eux (**152**); donc ce multiple est le μ des deux nombres (**169**).

171. Corollaire. — Si deux nombres sont premiers entre eux, leur μ est égal à leur produit.

PROPOSITION XXX.

172. Théorème. — *Le μ de plusieurs nombres, quatre par exemple, est égal à leur produit divisé par le Δ des produits trois à trois, ou généralement $(n-1)$ à $(n-1)$.*

Soient quatre nombres A, B, C, D, et Δ le p. g. c. d. des produits :

$$BCD, \qquad CDA, \qquad DAB, \qquad ABC.$$

1° Le nombre $\frac{ABCD}{\Delta}$ est un multiple des quatre nombres donnés, car

$$\frac{ABCD}{\Delta} = A \, . \, \frac{BCD}{\Delta} = B \, . \, \frac{CDA}{\Delta} = C \, . \, \frac{DAB}{\Delta} = D \, . \, \frac{ABC}{\Delta}.$$

2° Les quotients

$$\frac{BCD}{\Delta}, \quad \frac{CDA}{\Delta}, \quad \frac{DAB}{\Delta}, \quad \frac{ABC}{\Delta}$$

sont premiers entre eux (**161**).

Donc le nombre $\dfrac{ABCD}{\Delta}$ est bien le μ des quatre nombres donnés (**169**).

173. Remarque. — Soit Δ le p. g. c. d. de trois nombres A, B, C et supposons

$$A = A'\Delta, \quad B = B'\Delta, \quad C = C'\Delta;$$

on en déduit

$$ABC = A'B'C'\Delta^3,$$

donc

$$\begin{aligned}\frac{ABC}{\Delta} &= A'B'C'\Delta^2 \\ &= A'\Delta . B'C'\Delta = B'\Delta . A'C'\Delta = C'\Delta . A'B'\Delta.\end{aligned}$$

Donc on a bien un multiple des trois nombres ; mais les quotients

$$B'C'\Delta, \quad A'C'\Delta, \quad A'B'\Delta$$

ne sont pas premiers entre eux et $\dfrac{ABC}{\Delta}$ n'est pas le μ des trois nombres.

Le nombre $\dfrac{ABC}{\Delta^2} = A'B'C'\Delta = A'\Delta . B'C' = B'\Delta . A'C' = C'\Delta . A'B'$ est aussi un multiple ; mais il n'est pas encore *nécessairement* le plus petit, car les quotients

$$B'C', \quad C'A', \quad A'B'$$

ne sont pas nécessairement premiers entre eux, quoique A', B', C' aient 1 pour p. g. c. d. Si A' et B' avaient un diviseur commun, ces trois nombres auraient ce diviseur commun.

Donc le théorème (**170**) ne s'étend pas sans modification

à plus de deux nombres ; c'est le théorème (**172**) qui est sa généralisation.

PROPOSITION XXXI.

174. Théorème. — *Soit μ le p. p. c. m. de A et B ; μ' celui de μ et C ; μ'' celui de μ' et D... Le plus petit commun multiple des nombres donnés sera le dernier nombre obtenu.*

En effet :

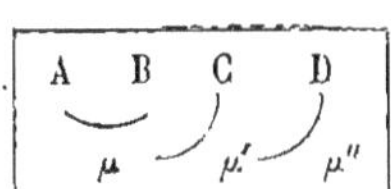

1° μ'' est divisible par D et μ' ; par suite par C et μ ; par suite par B et A. Donc μ'' est multiple des quatre nombres.

2° Tout multiple M commun aux quatre nombres étant multiple de A et B sera multiple de μ (**167**) ; étant multiple de μ et de C, il le sera de μ' (**167**) ; étant multiple de μ' et de D, il le sera de μ'' ; donc il est au moins égal à μ''.

3° Donc μ'' est le p. p. c. m. des quatre nombres. — C. q. f. d.

175. Corollaire 1. — Par ce théorème la recherche du μ de plusieurs nombres est ramenée à la recherche du μ de deux nombres (**170**) plusieurs fois de suite.

176. Corollaire 2. — *Si plusieurs nombres sont premiers entre eux deux à deux, leur μ est égal à leur produit.* — Soient quatre nombres A, B, C, D premiers entre eux deux à deux. Le μ de A et B sera $\frac{AB}{1} = AB$ (**170**). AB et C étant premiers entre eux (**163**), leur μ sera ABC ; de même ABC et D étant premiers entre eux, leur μ sera ABCD et ce sera le μ des quatre nombres (**174**).

177. Corollaire 3. — Si nous rapprochons ce corollaire 2 du corollaire (**168**), nous pouvons formuler le théorème suivant : *Si un nombre est divisible par plusieurs autres premiers entre eux deux à deux, il est divisible par leur produit.*

PROPOSITION XXXII.

178. Problème. — *Réduire plusieurs fractions au même dénominateur.*

La solution complète de ce problème offre une application de la recherche du μ de plusieurs nombres.

Soit à réduire au même dénominateur les fractions :

$$\frac{a}{b}, \quad \frac{a'}{b'}, \quad \frac{a''}{b''}.$$

1° *Tout multiple* M *des dénominateurs peut servir de dénominateur commun.*

Soit $M = bq = b'q' = b''q''$. Multiplions respectivement par q, q', q'' les deux termes de chaque fraction, elles deviendront, sans changer de valeur,

$$\frac{aq}{bq}, \quad \frac{a'q'}{b'q'}, \quad \frac{a''q''}{b''q''}.$$

ou

$$\frac{aq}{M}, \quad \frac{a'q'}{M}, \quad \frac{a''q''}{M}.$$

C. q. f. d.

2° *Si les fractions données sont irréductibles, ce qu'on peut toujours faire* (**152**), *tout dénominateur commun est nécessairement un multiple commun aux dénominateurs.*

Soient en effet les trois fractions :

$$\frac{\alpha}{D}, \quad \frac{\alpha'}{D}, \quad \frac{\alpha''}{D},$$

respectivement équivalentes aux fractions données supposées irréductibles, on aura (**165**)

$$D = bq = b'q' = b''q''.$$

C. q. f. d.

3° On voit par ces deux théorèmes que, si les fractions

données sont irréductibles, on ne peut pas trouver d'autre dénominateur commun qu'un multiple commun des dénominateurs donnés. — Il convient de prendre le μ de ces dénominateurs. — On peut encore prendre, comme multiple commun, le produit même des dénominateurs et l'on est alors ramené à cette règle :

Pour réduire plusieurs fractions au même dénominateur, il suffit de multiplier les deux termes de chacune par le produit des dénominateurs des autres.

179. Remarque. — Donnons un exemple numérique, pour éclaircir cette théorie et indiquer la disposition des calculs.

Fractions données :	$\frac{7}{12}$	$\frac{8}{15}$	$\frac{13}{18}$	μ des dénominateurs $= 180$.
Quotients de 180 par les dén. :	15	12	10	
Fractions réduites :	$\frac{105}{180}$	$\frac{96}{180}$	$\frac{130}{180}$	
Fractions données :	$\frac{7}{12}$	$\frac{8}{15}$	$\frac{13}{18}$	$M = 12.15.18 = 3240.$
	270	216	180	
Fractions réduites :	$\frac{1890}{3240}$	$\frac{1728}{3240}$	$\frac{2340}{3240}$	

On voit immédiatement que le premier calcul est préférable ; il exige la connaissance de μ.

§ 9. — NOMBRES PREMIERS ABSOLUS.

PROPOSITION XXXIII.

180. Théorème. — *Un nombre qui n'est pas premier admet au moins un diviseur premier.*

En effet, si un nombre N n'est pas premier, il admet un diviseur autre que lui-même ou l'unité (**112**), soit P, et l'on a

$$N = PQ.$$

Il faut remarquer que ce diviseur étant contenu au moins deux fois dans N est inférieur ou au plus égal à la moitié de N.

Si P est premier, le théorème est démontré; si P n'est pas premier, il admet un diviseur P_1 au plus égal à sa moitié : ce diviseur P_1 de P divisera N (**167**).

Si P_1 est premier, le théorème est démontré; si P_1 n'est pas premier, il admet un diviseur P_2 au plus égal à sa moitié et ce diviseur de P_1 divisera N (**117**). Nous pouvons continuer ce raisonnement.

Nous arriverons ainsi à prouver que le nombre N admet au moins le diviseur premier 2, car les diviseurs successifs P, P_1, P_2... diminuent toujours d'au moins la moitié du nombre des unités du précédent.

181. Corollaire. — *Deux nombres non premiers entre eux admettent au moins un diviseur premier commun.* En effet ces nombres, par hypothèse, admettent un diviseur D commun autre que l'unité (**114**). Si D est premier, le corollaire est démontré; s'il ne l'est pas, il admet un diviseur premier (**180**) qui divise les deux nombres (**117**).

PROPOSITION XXXIV.

182. Théorème. — *Si on a essayé sans succès, comme diviseurs d'un nombre* N, *tous les nombres premiers jusqu'à celui qui a donné un quotient inférieur au diviseur, on peut affirmer que le nombre* N *est premier.*

Si N n'est pas premier, il admet un diviseur premier P et l'on a

$$N = PQ.$$

Supposons P supérieur à Q. Q serait aussi un diviseur de N et il donnerait pour quotient P, supérieur au diviseur, et si Q n'est pas premier, il admettra un diviseur premier donnant *à fortiori* un quotient supérieur au diviseur. Donc il ne peut pas y avoir un diviseur premier donnant un quotient inférieur au diviseur, sans qu'il y ait un autre diviseur premier donnant un quotient supérieur.

Si donc on a essayé sans succès, comme diviseurs, tous ceux qui précèdent celui qui donne un quotient inférieur à lui, on peut s'arrêter et affirmer que le nombre est premier. C. q. f. d.

Exemple : 701

Diviseurs.	Quotients.	Restes.
2.	350.	1
3.	233.	2
5.	140.	1
7.	100.	1
11.	63.	8
13.	53.	12
17.	41.	4
19.	36.	17
23.	30.	11
29.	24.	5

Nous voyons que jusqu'au diviseur premier 29, qui donne $24 < 29$ pour reste, aucune division ne réussit; donc 701 est un nombre premier.

PROPOSITION XXXV.

183. Théorème. — *La suite des nombres premiers est illimitée.*

Soit p un nombre premier. Formons le produit de tous les nombres premiers 2, 3, 5, 7... p, jusqu'à p et considérons le nombre

$$N = 2.3.5.7\ldots\ldots p + 1.$$

S'il est premier, il existe donc un nombre premier plus grand que p. — S'il n'est pas premier, il admet comme diviseur un nombre premier plus grand que p, car si ce diviseur était compris dans la série 2, 3, 5, 7... p, il diviserait N et l'une des parties, il diviserait donc la seconde partie 1 (**118**); ce qui est impossible.

PROPOSITION XXXVI.

184. Théorème. — *Si deux nombres sont inférieurs chacun à un nombre premier* P, *leur produit n'est pas divisible par ce nombre premier* (Th. de Gauss).

Soit A un nombre inférieur à P; admettons, s'il est possible, qu'il existe des nombres inférieurs à P dont le produit par A soit un multiple de P; soit B *le plus petit* de ces nombres; B est supérieur à l'unité, puisque A est inférieur à P. Posons

$$P = BQ + R;$$

R est moindre que B. Multiplions par A les deux membres de cette égalité, nous aurons

$$AP = ABQ + AR.$$

P divise AP; il divise aussi AB par hypothèse, par suite ABQ (**104**); donc P divise AR; donc B ne serait pas le plus petit nombre inférieur à P tel, qu'en le multipliant par A, on eût un multiple de P, ce qui est contraire à l'hypothèse.

185. Corollaire 1. — *Si un nombre premier ne divise aucun des facteurs* A, B *d'un produit, il ne divise pas le produit* AB.

Le corollaire est démontré pour le cas où les deux facteurs sont inférieurs à P. Supposons l'un des facteurs ou les deux facteurs supérieurs à P et posons :

$$A = PQ + A',$$
$$B = PQ_1 + B'.$$

Nous en tirerons

$$AB = MP + A'B'.$$

Si P divisait AB, il devrait diviser A'B', ce qui est impossible (**170**).

186. Corollaire 2. — *Si un nombre premier divise un produit de deux facteurs, il divise l'un d'eux.*

PROPOSITION XXXVII.

187. Théorème. — *Tout nombre premier qui divise un produit de facteurs, divise l'un d'eux.*

Soit P un nombre premier qui divise le produit ABCD. Ce produit peut être considéré comme formé de deux facteurs d'une infinité de manières.

Si P divise D, le théorème est démontré ; s'il ne divise pas D, il doit diviser ABC (**186**). — Si P divise C, le théorème est démontré; s'il ne divise pas C, il doit diviser AB. — Si P divise B, le théorème est démontré; s'il ne le divise pas, il doit diviser A.

188. Remarque. — Nous avons démontré ce théorème important, sans nous appuyer sur la recherche du Δ, en suivant la marche de Gauss dans les *Disquisitiones arithmeticæ*. Nous rendons aussi toute la théorie des nombres premiers indépendante de la théorie du Δ, et par suite nous pourrons placer tout le § X avant le § IX.

Au reste, voici comment on démontre habituellement le théorème (**187**) en s'appuyant sur la théorie du p. g. c. d.

Si P divise D, le théorème est démontré ; s'il ne le divise pas, comme il est premier absolu, il est premier avec D; donc il divise l'autre facteur (**149**). On continue le même raisonnement jusqu'à A.

189. Corollaire. — *Tout nombre premier qui divise une puissance, divise la racine.* En effet, $A^5 = A . A . A . A . A$; si donc P divise A^5, il doit diviser le facteur A (**187**).

PROPOSITION XXXVIII.

190. Théorème. — *Quand un nombre est premier avec les facteurs d'un produit, il est premier avec le produit.*

Soit ABC le produit et N un nombre premier avec chacun des facteurs. Si ABC et N n'étaient pas premiers entre eux, ces deux nombres admettraient un diviseur premier commun

(**180**). Ce diviseur premier diviserait nécessairement l'un des facteurs A, B, C (**187**); donc N ne serait pas premier avec chacun d'eux.

PROPOSTION XXXIX.

191. Théorème. — *Si deux nombres sont premiers entre eux, leurs puissances sont premières entre elles.*

Soient A et B deux nombres premiers entre eux. Si leurs puissances A^5 et B^5 n'étaient pas premières entre elles, elles admettraient un diviseur premier commun (**167**). Ce diviseur premier P de A^5 et B^5 diviserait aussi A et B (**189**); donc A et B ne seraient pas premiers entre eux : ce qui est contraire à l'hypothèse.

PROPOSITION XL.

192. Théorème. — *Tout nombre est décomposable en facteurs premiers et d'une seule manière.*

1° Soit N un nombre. S'il n'est pas premier, il admet un diviseur premier A (**180**) et l'on a

$$N = AQ.$$

Si Q est premier, la décomposition est faite. Si Q n'est pas premier, il admet un diviseur premier B et l'on a

$$Q = BQ^1,$$

par suite

$$N = ABQ'.$$

Si Q′ est premier, la décomposition est faite. Si Q′ n'est pas premier, il admet un diviseur premier C et l'on a

$$Q' = CQ'',$$

par suite

$$N = ABCQ''.$$

En continuant ainsi, les nombres Q, Q′, Q″... diminueront

et on arrivera nécessairement à un dernier quotient premier qui achèvera la décomposition.

2° Quel que soit le procédé suivi, on obtiendra les mêmes facteurs premiers. — Soient, en effet, deux modes de décomposition de telle sorte que l'on ait

$$N = ABCDE = A'B'C'.$$

C' divise ABCDE ; mais il est premier absolu, donc il divise l'un des facteurs (**187**) ; mais ces facteurs sont premiers absolus, donc il est égal à l'un d'eux, à C par exemple. — Divisons les deux membres par C, il viendra

$$ABDE = A'B'.$$

Nous démontrerons comme précédemment que B' est égal à l'un des facteurs du premier membre, à B par exemple. Divisons les deux membres de l'égalité par B', il viendra

$$ADE = A',$$

puis

$$DE = 1.$$

Donc les deux facteurs D et E valent chacun l'unité et peuvent être supprimés.

Donc il n'existe qu'un mode de décomposition d'un nombre en facteurs premiers autres que l'unité.

Remarque. — Dans notre raisonnement, rien ne suppose que les facteurs ABCD soient différents entre eux. Donc, si un mode de décomposition fait paraître un facteur cinq fois, par exemple, tout autre mode le fera paraître cinq fois.

EXEMPLE DE DÉCOMPOSITION :

Nombre :			
	17640	2	facteurs premiers.
	8820	2	
	4410	2	
	2205	3	
	735	3	
	245	5	
	49	7	
	7	7	

Donc

$$17640 = 2^3.3^2.5.7^2.$$

PROPOSITION XLI.

193. Théorème. — *Pour qu'un nombre soit diviseur d'un autre, il faut et il suffit qu'il ne contienne que des facteurs premiers de cet autre; pour qu'il soit multiple d'un autre, il faut et il suffit qu'il contienne tous les facteurs premiers de cet autre.*

En effet, l'égalité

$$A = BQ$$

nous montre que B ne doit contenir que des facteurs premiers de A et que B doit contenir tous les facteurs premiers de A, sans quoi il y aurait deux manières de décomposer A en facteurs premiers.

194. Corollaire 1. — Le Δ de plusieurs nombres est formé de tous les facteurs premiers communs, élevés chacun à leur plus faible exposant.

195. Corollaire 2. — Le μ de plusieurs nombres est formé de tous les facteurs différents, élevé chacun à la plus haute puissance.

EXEMPLE.

Nombres donnés : 360, 490, 540. Décomposons en facteurs premiers, nous aurons :

$$360 = 2^3.3^2.5, \qquad 490 = 2.5.7^2, \qquad 540 = 2^2.3^3.5.$$

Nous déduirons de là :

$$\Delta = 2.5 = 10, \qquad \mu = 2^3.3^3.5.7^2 = 52920.$$

196. Corollaire 3. — Le produit de deux nombres est égal à $\mu\Delta$. En effet, soient

$$A = A'\Delta, \qquad B = B'\Delta,$$

nous aurons

$$AB = A'B'\Delta^2 = A'B'.\Delta.\Delta.$$

Remarquons maintenant que Δ représente l'ensemble des facteurs communs, A' et B' l'ensemble des facteurs différents. Donc d'après le théorème (**195**), $A'B'\Delta$ est le μ des deux nombres ; donc

$$\mu\Delta = AB,$$

d'où

$$\mu = \frac{AB}{\Delta}.$$

PROPOSITION XLII.

197. Problème. — *Former tous les diviseurs d'un nombre.*

Supposons un nombre N décomposé en facteurs premiers et soit

$$N = a^{\alpha} b^{\beta} c^{\gamma}.$$

D'après le théorème (**193**), un diviseur quelconque de N est nécessairement de l'une des formes suivantes

$$1 \quad a^{\alpha'},\ b^{\beta'},\ c^{\gamma'},\ b^{\beta'}c^{\gamma'},\ a^{\alpha'}c^{\gamma'},\ a^{\alpha'}b^{\beta'},\ a^{\alpha'}b^{\beta'}c^{\gamma'},$$

α', β', γ' étant des nombres au moins égaux à 1 et au plus égaux à α, β, γ. Il s'agit de former régulièrement tous les nombres de cette forme, sans répétition et sans en oublier un seul.

Écrivons sur trois lignes horizontales les diverses puissances de chaque facteur premier :

$$\begin{array}{lllll}
1 & a & a^2 & a^3 \ldots\ldots & a^{\alpha} \\
1 & b & b^2 & b^3 \ldots\ldots & b^{\beta} \\
1 & c & c^2 & c^3 \ldots\ldots & c^{\gamma}
\end{array}$$

Multiplions maintenant tous les nombres de la première ligne par chacun des nombres de la seconde, nous formerons le tableau suivant

$$(1) \qquad \left|\begin{array}{llll}
1 & a & a^2 \ldots\ldots & a^{\alpha} \\
b & ab & a^2b \ldots\ldots & a^{\alpha}b \\
b^2 & ab^2 & a^2b^2 \ldots\ldots & a^{\alpha}b^2 \\
\ldots & \ldots & \ldots & \ldots \\
b^{\beta} & ab^{\beta} & a^2b^{\beta} \ldots\ldots & a^{\alpha}b^{\beta}
\end{array}\right|$$

Cela fait, multiplions tous les nombres du tableau (1) par chacun des nombres de la troisième ligne, nous reproduirons d'abord le tableau (1) en multipliant par 1, puis nous aurons les tableaux suivants : (2) (3)... (γ).

$$
(2)\quad\left|\begin{array}{llllc}
c & ac & a^2c & \ldots & a^{\alpha}c \\
bc & abc & a^2bc & \ldots & a^{\alpha}bc \\
b^2c & ab^2c & a^2b^2c & \ldots & a^{\alpha}b^2c \\
\ldots & \ldots & \ldots & \ldots & \ldots \\
b^{\beta}c & ab^{\beta}c & a^2b^{\beta}c & \ldots & a^{\alpha}b^{\beta}c
\end{array}\right|
$$

$$
(3)\quad\left|\begin{array}{llllc}
c^2 & ac^2 & a^2c^2 & \ldots & a^{\alpha}c^2 \\
bc^2 & abc^2 & a^2bc^2 & \ldots & a^{\alpha}bc^2 \\
b^2c^2 & ab^2c^2 & a^2b^2c^2 & \ldots & a^{\alpha}b^2c^2 \\
\ldots & \ldots & \ldots & \ldots & \ldots \\
b^{\beta}c^2 & ab^{\beta}c^2 & a^2b^{\beta}c^2 & \ldots & a^{\alpha}b^{\beta}c^2
\end{array}\right|
$$

$$\ldots\ldots\ldots\ldots\ldots\ldots\ldots\ldots$$

$$
(\gamma)\quad\left|\begin{array}{llllc}
c^{\gamma} & ac^{\gamma} & a^2c^{\gamma} & \ldots & a^{\alpha}c^{\gamma} \\
bc^{\gamma} & abc^{\gamma} & a^2bc^{\gamma} & \ldots & a^{\alpha}bc^{\gamma} \\
b^2c^{\gamma} & ab^2c^{\gamma} & a^2b^2c^{\gamma} & \ldots & a^{\alpha}b^2c^{\gamma} \\
\ldots & \ldots & \ldots & \ldots & \ldots \\
b^{\beta}c^{\gamma} & ab^{\beta}c^{\gamma} & a^2b^{\beta}c^{\gamma} & \ldots & a^{\alpha}b^{\beta}c^{\gamma}
\end{array}\right|
$$

Or 1° tous les résultats sont différents, car les facteurs multipliés diffèrent chaque fois ; donc il n'y a aucune répétition dans la série ;

2° Tous les résultats sont des diviseurs, car nous n'avons multiplié que des puissances des diviseurs premiers contenues dans le nombre N.

3° Nous les avons tous formés ; il suffit de prendre l'une quelconque des huit formes énoncées, et l'on verra que tous les diviseurs de cette forme ont été formés successivement.

EXEMPLE. $360 = 2^3.2^2.5$

$$
\begin{array}{llll}
1 & 2 & 4 & 8 \\
1 & 3 & 9 & \\
1 & 5 & &
\end{array}
$$

DIVISEURS.

1	2	4	8	5	10	20	40
3	6	12	24	15	30	60	120
9	18	36	72	45	90	180	360

Souvent on procède autrement, en plaçant les résultats à côté du calcul de décomposition, comme il suit :

360	2	1 . 2											
180	2	4											
90	2	8											
45	3	3	6	12	24								
15	3	9	18	36	72								
5	5	5	10	20	40	15	30	60	120	45	90	180	360
1													

PROPOSITION XLIII.

198. Théorème. — *Le nombre des diviseurs est égal au produit des exposants des facteurs premiers différents augmentés chacun d'une unité.*

En effet, le produit des deux premières lignes multipliées dans la solution du problème (**197**) donne

$$(\alpha+1).(\beta+1)$$

résultats ; tous ces résultats sont multipliés ensuite par chacun des nombres de la troisième ligne : on aura donc en tout

$$(\alpha+1)(\beta+1)(\gamma+1)$$

résultats.

199. Corollaire 1. — *Le nombre des diviseurs est toujours pair, à moins que le nombre proposé ne soit un carré parfait.* — En effet,

1° Si le nombre est un carré parfait, chaque facteur premier entre dans le nombre un nombre pair de fois ; donc α, β, γ sont tous pairs ; donc $(\alpha+1)$, $(\beta+1)$, $(\gamma+1)$ sont tous impairs ; donc leur produit est impair, car si 2 divisait le produit, il diviserait l'un des facteurs (**173**).

2° Si le nombre n'est pas un carré parfait, l'un au moins des nombres α, β, γ n'est pas pair, par suite l'un au moins des nombres $\alpha+1$, $\beta+1$, $\gamma+1$ est pair.

200. Remarque. — On peut voir plus simplement que le nombre des diviseurs d'un nombre est pair. L'égalité

$$N = AA'$$

montre qu'à chaque diviseur A répond toujours un autre diviseur A′, en général différent. Dans le cas où le nombre est un carré parfait, on a, si R est sa racine,

$$N = R.R$$

et les deux diviseurs généralement différents deviennent alors identiques. Donc, si le nombre n'est pas un carré parfait, le nombre des diviseurs est pair, et s'il est carré parfait, le nombre des diviseurs est impair.

PROPOSITION XLIV.

201. Problème. — *Trouver tous les nombres premiers inférieurs à une limite donnée.*

Cherchons, par exemple, tous les nombres premiers contenus dans la première centaine. A l'exception de 2, tous les nombres premiers sont impairs. Écrivons la série des nombres impairs jusqu'à 101.

3 5 7 9 11 13 15 17 19 21 23 25 27
29 31 33 35 37 39 41 43 45 47 49 51 53
55 57 59 61 63 65 67 69 71 73 75 77 79
81 83 85 87 89 91 93 95 97 99 101

Si à partir de 3, nous comptons de 3 en 3, nous tombons sur des multiples de 3, qui seront

$$3+2.3, \quad 3+2.3+2.3, \quad \text{etc.}$$

Les nombres intermédiaires ne sont pas des multiples de 3, puisqu'ils s'obtiennent en augmentant un multiple de 3, soit de 2, soit de 2.2. A mesure que nous tomberons sur un multiple de 3, effaçons-le, la série sera débarrassée de tous les multiples de ce nombre premier.

Le premier nombre après 3 qui n'a pas été barré est premier : c'est 5. Comptons de 5 en 5, nous tomberons sur des multiples de 5 ; effaçons-les. — Nous pouvons commencer à effacer au carré de 5 ou 25 ; car 5.2 n'a pas été écrit, puisqu'il est pair ; 5.3 a été effacé comme multiple de 3.

Le premier nombre non effacé après 5 est nécessairement premier : c'est 7. Comptons de 7 en 7, à partir de $7.7=49$, nous effacerons tous les multiples de 7.

Tous les nombres qui restent sont premiers, car à partir de 11 il faudrait effacer les nombres au delà de 100, que nous n'avons pas écrit.

Donc les nombres premiers de la première centaine sont :

2	3	5	7
11	13	17	19
23	29		
31	37		
41	43	47	
53	59		
61	67		
71	73	79	
83	89		
97			

On voit que leur distribution ne suit aucune loi apparente.

Le procédé que nous venons de donner pour la formation d'une table de nombres premiers porte le nom de *Crible d'Ératosthène*.

PROPOSITION XLV.

202. Théorème de Fermat. — *Lorsqu'un nombre premier n'est pas diviseur d'un nombre donné, ce nombre premier est diviseur de celui qu'on obtient en retranchant 1 de la puissance du nombre donné marquée par le nombre premier moins un.*

En d'autres termes, si p, nombre premier, ne divise pas a, il divise $a^{p-1}-1$.

1° Les divers multiples de a,

$$a,\ 2a,\ 3a \ldots (p-1)a,$$

donnent des restes différents quand on les divise par p.

En effet, soient

$$na = Mp + r, \qquad n'a = M'p + r,$$

nous en tirerons

$$(n - n')a = Mp.$$

Or p, étant premier et ne divisant pas a, est premier avec lui; donc il devrait diviser $n - n'$, ce qui est impossible, puisque ces nombres sont tous deux inférieurs à p.

2° Les $(p - 1)$ restes étant différents, ils seront donc dans un ordre quelconque :

$$1, 2, 3 \ldots (p-1).$$

Donc

$$a.2a.3a \ldots\ldots (p-1)a = Mp + 1.2.3 \ldots (p-1),$$

par suite

$$(a^{p-1} - 1)\ 1.2.3 \ldots\ldots (p-1) = Mp,$$

p étant premier et ne divisant aucun des facteurs

$$1.2.3 \ldots\ldots (p-1)$$

doit diviser $a^{p-1} - 1$.

C. q. f. d.

PROPOSITION XLVI.

203. Théorème. — *Le produit des nombres entiers consécutifs jusqu'à $p - 2$, p étant un nombre premier supérieur à 2, est un multiple de ce nombre premier, augmenté d'une unité.*

1° Le produit

$$2.3.4 \ldots\ldots (p-2)$$

a un nombre pair de facteurs, car $p - 2$ est un nombre impair.

2° Considérons un facteur a quelconque : les divers multiples de ce facteur moindre que p,

$$a \quad 2a \quad 3a \quad (p-1)a$$

divisés par p, donneront tous des restes différents (**202**). Donc un de ces restes, et un seul, sera égal à 1.

3° On a $1.a = 0.p + a$, donc ce n'est pas $1.a$ qui donne pour reste 1 ; on a aussi $(p-1)a = pa - a = p(a-1) + p - a = \mathrm{M}p + p - a$, et comme a est compris entre 2 et $p-2$, $p-a$ est supérieur à 1. Donc, a étant quelconque entre 2 et $(p-2)$, on a

$$aa' = \mathrm{M}p + 1;$$

a' est supérieur à 1 et inférieur à $(p-1)$, il est donc un autre facteur du produit $2.3.4\ldots(p-2)$.

4° Un facteur b différent de a est soumis à la même loi, et l'on a

$$bb' = \mathrm{M}p + 1,$$

b' étant différent de 1, de $(p-1)$, de a et de a'. Cela est facile à démontrer par la réduction à l'absurde (**188**).

5° Donc, puisque les facteurs du produit

$$2.3.4\ldots\ldots(p-2)$$

se groupent deux à deux de telle manière que le produit des deux nombres de chaque groupe vaut un multiple de p, augmenté de 1, on a

$$2.3.4\ldots\ldots(p-2) = \mathrm{M}p + 1.$$

C. q. f. d.

PROPOSITION XLVII.

204. Théorème de Wilson. — *Tout nombre premier est diviseur du nombre que l'on obtient en ajoutant 1 au produit de tous les nombres entiers qui précèdent ce nombre premier.*

1° Ce théorème est évident pour 2.

2° Soit p un nombre premier supérieur à 2; nous avons (**193**)

$$1.2.3\ldots\ldots(p-2)=\mathrm{M}p+1,$$

donc

$$1.2.3\ldots\ldots(p-2)(p-1)=\mathrm{M}p+p-1=\mathrm{M}p-1,$$

par suite

$$1.2.3\ldots\ldots(p-1)+1=\mathrm{M}p.$$

C. q. f. d.

PROPOSITION XLVIII.

205. Théorème. — *Réciproquement, un nombre entier est premier, lorsqu'il est diviseur du nombre obtenu en ajoutant 1 au produit de tous les nombres entiers qui le précèdent.*

Supposons que p divise

$$1.2.3\ldots\ldots(p-1)+1.$$

Tout diviseur de p divise aussi ce nombre; mais il divise

$$1.2.3\ldots(p-1)$$

puisqu'il y est contenu comme facteur, s'il est différent de p, donc il divise 1, donc il ne peut être que 1. Donc p n'admet comme diviseurs que p et 1, donc il est premier.

C. q. f. d.

PROGRAMME DU LIVRE III

§ 1. *Définitions.* — Diviseur. — Multiple. — Commun diviseur. — Δ. — Commun multiple. — μ.

§ 2. *Propriétés générales des diviseurs.* — Un nombre N est divisible par 1 et par N. — Nombre premier. — L'unité est commun diviseur. — Nombres premiers entre eux. — Le produit de deux ou plusieurs nombres est commun multiple. — Si un nombre en divise deux ou plusieurs autres, il divise leur somme ou leur différence, ou leurs multiples. — Si un nombre en divise deux autres, il divise le reste de leur division. — Le reste ne change pas quand on supprime du dividende un multiple du diviseur.

§ 3. *Caractères de divisibilité.* — Reste de la division par 2 ou 5. — 4 ou 25... — Reste de la division par 9 ou 3. — Quotient. — Reste de la division par 11.

§ 4. *Preuves des opérations par les diviseurs* 9, 11... — Reste d'une somme ou d'une différence pour un diviseur quelconque. — Preuves par 9 et 11 de l'addition et de la soustraction. — Reste d'un produit pour un diviseur quelconque. — Preuves par 9 et 11 de la multiplication et de la division.

§ 5. *Plus grand commun diviseur de deux nombres.* — Si le plus petit divise le plus grand, il est le Δ des deux. — Le Δ de deux nombres est le même qu'entre le plus petit et le reste de la division. — Δ de deux nombres. — Limite du nombre des opérations à faire. — Propriétés du Δ de deux nombres.

§ 6. *Plus grand commun diviseur de plusieurs nombres.* — Si le plus petit divise les autres, il est le Δ de l'ensemble. — Le Δ de plusieurs nombres est le même que celui qui existe entre le plus petit et les restes des divisions des autres par le plus petit. — Δ de plusieurs nombres. — Réduction de la recherche du Δ de plusieurs nombres au Δ de deux. — Propriétés du Δ de plusieurs nombres.

§ 7. *Conséquences importantes du plus grand commun diviseur.* — Si un nombre divise un produit de deux facteurs et s'il est premier avec l'un d'eux, il divise l'autre. — Corollaires. — Une fraction dont les termes sont premiers entre eux est irréductible.

§ 8. *Plus petit commun multiple de deux ou plusieurs nombres.* — Tout multiple est multiple du plus petit μ. — Pour qu'un multiple soit le plus petit, il faut et il suffit que les quotients par les nombres soient premiers entre eux. — Le μ de deux nombres est égal à leur produit divisé par Δ. — μ de plusieurs nombres. — Réduction des fractions à un même dénominateur, au plus petit dénominateur commun.

§ 9. *Nombres premiers absolus.* — Un nombre qui n'est pas premier admet un diviseur premier. — Reconnaître si un nombre est ou n'est pas premier. — La suite des nombres premiers est illimitée. — Si deux nombres sont inférieurs à un nombre premier P, leur produit n'est pas divisible par P (th. de Gauss). — Tout nombre premier qui divise un produit, divise l'un des facteurs. — Quand un nombre est premier avec les facteurs d'un produit, il est premier avec le produit. — Tout nombre est décomposable en facteurs premiers et d'une seule manière. — Multiple d'un nombre, μ. — Diviseur d'un nombre, Δ. — Former les diviseurs d'un nombre. — Nombre des diviseurs. — Former une table de nombres premiers. — Théorème de Fermat. — Théorème de Wilson.

EXERCICES

1. Indiquer une méthode générale pour trouver le reste de la division d'un nombre par un diviseur quelconque, sans faire directement la division. — Appliquer la méthode au diviseur 7.

2. Un nombre est divisible par 6, si le chiffre des unités, ajouté à 4 fois la somme des autres, donne une somme divisible par 6.

3. Deux nombres entiers consécutifs sont premiers entre eux.

4. Deux nombres impairs consécutifs sont premiers entre eux.

5. La différence de deux nombres premiers plus grands que 2 n'est jamais un nombre premier plus grand que 2.

6. Lorsque deux nombres sont premiers entre eux, leur somme et leur différence sont des nombres premiers entre eux ou ayant 2 pour plus grand commun diviseur.

7. Lorsque deux nombres sont premiers entre eux, leur somme ou leur différence et leur produit sont des nombres premiers entre eux.

8. Tout nombre impair est égal à un multiple de 4 augmenté ou diminué d'une unité.

9. Tout nombre entier non divisible par 3 est égal à un multiple de 3 augmenté ou diminué d'une unité.

10. Tout nombre entier premier avec 6 est égal à un multiple de 6 augmenté ou diminué d'une unité.

11. Le carré d'un nombre impair est égal à un multiple de 8 augmenté d'une unité.

12. Le carré d'un nombre premier plus grand que 3 est égal à un multiple de 24 augmenté d'une unité.

13. Lorsque deux nombres sont premiers avec 10, la somme ou la différence de leurs carrés est divisible par 5.

14. Lorsque deux nombres ont les mêmes chiffres significatifs sans les avoir dans le même ordre, leur différence est un multiple de 9.

15. Si le nombre b est premier avec le nombre a, les restes obtenus en divisant les $b-1$ premiers multiples de a par le nombre b sont tous différents.

16. n étant un nombre entier, le produit $n(n+1)(2n+1)$ est toujours divisible par 6.

17. La différence des carrés de deux nombres premiers plus grands que 3 est divisible par 12.

18. a étant un nombre entier, le produit $a(2a+1)$, $(7a+1)$ est toujours divisible par 6.

19. Le produit de cinq nombres entiers consécutifs est divisible par le produit des cinq premiers nombres entiers.

20. a étant un nombre entier, le produit $a(a^2+2)$ est toujours divisible par 3.

21. a étant un nombre impair, le produit $a(a^2+7)(a^2+2)$ est divisible par 24.

22. a et b étant deux nombres impairs et non divisibles par 3, le produit $(a^2-b^2)(a^2+b^2)(a^2+b^2+1)$ est divisible par 60.

23. a et b étant premiers entre eux, le produit ab et la somme a^3+b^2 sont des nombres premiers entre eux.

24. Le degré de la plus haute puissance d'un nombre premier plus petit que n, qui soit diviseur du produit $1.2.3\ldots n$, est la somme des quotients entiers obtenus en divisant n par le nombre premier, le quotient entier trouvé par le nombre premier, le deuxième quotient par le nombre premier, et ainsi de suite jusqu'à un quotient plus petit que le nombre premier.

25. Le produit $1.2.3\ldots n$ est divisible par le produit

$$1.2.3\ldots a \times 1.2.3\ldots b \times 1.2.3\ldots c.$$

si n est au moins égal à la somme $a+b+c\ldots$

26. Le produit de n nombres entiers consécutifs est divisible par le produit des n premiers nombres entiers.

27. a et b étant deux nombres entiers, le produit

$$ab(a^2+b^2)(a^2-b^2)$$

est divisible par 30.

28. n n'étant ni premier ni 4, le produit $1.2.3\ldots(n-1)$ est divisible par n.

29. Lorsque deux nombres sont premiers entre eux, leur somme et leur différence ont pour plus grand commun diviseur au plus 2.

30. Deux nombres entiers divisés par leur différence donnent des restes égaux.

31. Les puissances de même degré de deux nombres entiers, divisées par la différence de ces nombres entiers, donnent des restes égaux.

32. Trouver deux nombres entiers dont la somme soit égale à leur produit.

33. De combien de manières peut-on décomposer un nombre entier en un produit de deux facteurs entiers?

34. De combien de manières peut-on décomposer un nombre entier en deux facteurs premiers entre eux?

35. Un ouvrier qui gagne plus de 3 francs par jour, reçoit 102 francs pour plusieurs jours de travail, et une autre fois 138 francs pour un autre nombre de jours de travail; quel est le prix d'une journée de travail?

LIVRE IV

NOMBRES DÉCIMAUX INDÉFINIS
NOMBRES APPROCHÉS

§ 1. — NOMBRES DÉCIMAUX INDÉFINIS.

206. Definition. — Nous appelons nombres décimaux indéfinis ceux que l'on obtient en écrivant, suivant une loi déterminée quelconque, des chiffres décimaux en nombre indéfini, les uns à la suite des autres. Tel est, par exemple, le nombre

$$3,1415926535\ldots$$

Tel est encore le nombre

$$0,545454\ldots$$

La *valeur* de pareils nombres est *variable* avec le nombre des chiffres décimaux que l'on prend : elle augmente constamment à mesure que l'on prend un plus grand nombre de chiffres.

Nous distinguerons parmi les nombres décimaux indéfinis ceux qui sont *périodiques*, comme

$$0,545454\ldots$$
$$0,895672672\ldots$$

On nomme *fraction périodique simple*, celle dont la périodicité commence immédiatement après la virgule, et *fraction périodique mixte*, celle dont la périodicité ne commence qu'après un certain nombre de chiffres ; la première fraction écrite ci-dessus est simple, la seconde est mixte.

207. Fractions indéfinies dans d'autres systèmes de numération. — On peut concevoir des fractions indéfinies périodiques ou non dans tout système de numération, et on peut convenir, pour plus de simplicité, de les écrire comme des fractions décimales. Par exemple

$$0{,}567567\ldots$$

peut représenter une fraction duodécimale, et elle sera l'écriture abrégée de la série

$$\frac{567}{12^3}+\frac{567}{12^6}+\frac{567}{12^9}+\cdots$$

Ce que nous dirons sur les fractions décimales indéfinies s'étendra sans peine aux autres, avec de légères modifications de langage.

PROPOSITION I.

208. Théorème. — *La valeur d'une fraction décimale* 0,999... *composée d'une suite indéfinie de* 9 *a pour limite l'unité.*

En effet, si nous prenons *un* seul 9, la valeur du nombre est inférieure à l'unité, d'*un* dixième. Si nous en prenons deux ; la différence n'est plus que d'un centième, etc... On voit que la différence à l'unité diminue indéfiniment et tend vers zéro, l'unité est donc la *grandeur fixe*, dont s'approche indéfiniment, et d'aussi près que l'on veut, la *grandeur variable* représentée par la fraction décimale indéfinie.

C'est ce que nous voulons dire par cette phrase : *la valeur de la fraction a pour limite l'unité.*

On appelle *limite* une grandeur fixe, dont une autre grandeur *variable* s'approche autant qu'on le veut, sans pouvoir l'atteindre.

209. Corollaire. — L'unité que nous avons choisie est arbitraire ; nous voyons donc que

$$\lim (0,00999\ldots) = 0,01$$

et qu'en général une suite indéfinie de 9, à partir d'une unité décimale quelconque, a pour limite une unité d'un ordre immédiatement supérieur à l'ordre du premier chiffre 9.

PROPOSITION II.

210. Théorème. *Une suite indéfinie de chiffres décimaux procédant suivant une loi quelconque a une valeur variable qui tend vers une limite déterminée.*

En effet, soit, pour fixer les idées,

$$5,14159265358979 32\ldots$$

A partir d'un chiffre pris arbitrairement, le premier 4, par exemple, plaçons une suite indéfinie de 9, nous aurons le nombre indéfini

$$5,14999\ldots$$

dont la valeur variable sera certainement plus grande que la valeur *correspondante* du nombre donné. Or ce dernier a pour valeur limite

$$5,15$$

d'après le théorème précédent ; donc le premier a aussi une valeur limite qui certainement est inférieure à 3,15.

211. Corollaire. — On nomme *erreur* d'un nombre indéfini, la valeur de la limite de la fraction indéfinie qui suit le chiffre auquel on s'arrête. On voit que *l'erreur commise quand on s'arrête à un chiffre est toujours moindre qu'une unité de l'ordre de ce chiffre.*

PROPOSITION III.

212. Théorème. — *On rend la limite d'une fraction indéfinie 10, 100... fois plus grande ou plus petite, en reculant la virgule de 1, 2... rangs vers la droite ou vers la gauche.*

En effet, considérons la fraction indéfinie

$$3{,}14159265358979 32\ldots$$

Arrêtons-nous au premier chiffre 2, nous aurons une fraction décimale déterminée et par suite

$$31{,}41592 = 3{,}141592 \times 10.$$

Supposons maintenant que nous prenions un nombre de chiffres décimaux de plus en plus grand; le premier membre de cette dernière égalité croîtra et tendra vers une certaine limite L, le premier facteur du second membre croîtra aussi et tendra vers une certaine limite L′ (**210**), et comme deux quantités variables toujours égales ont évidemment des limites égales, nous aurons

$$L = L' \times 10.$$

C. q. f. d.

213. Corollaire. — Une fraction indéfinie n'a d'intérêt que par sa limite; nous appellerons *valeur* d'une fraction indéfinie *la valeur de la limite* vers laquelle elle tend. On voit par le théorème précédent que, si l'on déplace la virgule d'une fraction indéfinie, sa valeur varie comme celle d'une fraction définie.

PROPOSITION IV.

214. Théorème. — *La valeur d'une fraction indéfinie périodique simple est égale à celle d'une fraction ordinaire ayant pour numérateur la période et pour dénominateur un nombre formé d'autant de 9 qu'il y a de chiffres à la période.*

Soit la fraction périodique

$$0,abc\ abc\ abc\ \ldots$$

Désignons sa valeur ou sa limite par L, nous aurons (**212**)

$$1000\ \mathrm{L} = abc,\ abc\ abc\ldots$$

ou

$$1000\ \mathrm{L} = abc + \mathrm{L},$$

par suite

$$999\ \mathrm{L} = abc,$$

d'où

$$\mathrm{L} = \frac{abc}{999}.$$

C. q. f. d.

215. Corollaire 1. — *Réciproquement, toute fraction de la forme* $\frac{abc}{999}$, *réduite en décimales, donne pour quotient la fraction indéfinie* 0,*abcabc*...

En effet, pour réduire en décimales la fraction

$$\frac{abc}{999},$$

nous la considérons comme un quotient (**91**). Réduisons *abc* unités en 1000es, nous aurons

$$abc000\ \text{mill.} \quad \text{ou} \quad (abc \times 999 + abc)\ \text{mill.};$$

en divisant par 999, nous aurons

$$0,abc$$

pour quotient et *abc* millièmes pour reste.

Nous réduirons ce reste en millionièmes de la même manière, nous diviserons par 999, ce qui nous donnera 0,000*abc* pour quotient et *abc* millionièmes pour reste ; nous continuerons indéfiniment la même opération, puisque chaque fois le quotient et le reste se reproduiront.

On peut donc dire que $\frac{abc}{999}$ est la *génératrice* de $0,abcabc\ldots$

216. Corollaire 2. — Deux fractions égales conduisent aux mêmes quotients successifs, quand on les réduit en décimales, car elles sont égales à une même fraction irréductible qui donne lieu à une réduction unique en fractions décimales ; donc deux fractions décimales périodiques différentes ont des valeurs, des limites, des génératrices différentes.

217. Corollaire 3. — Une suite quelconque de 9, comme

$$99999,$$

forme un nombre qui n'admet ni 2, ni 5 comme diviseurs. Donc, en réduisant à sa plus simple expression la génératrice d'une fraction périodique simple, on obtiendra une fraction irréductible dont le dénominateur ne contiendra aucun des facteurs de la base 10 du système décimal.

PROPOSITION V.

218. Théorème. — *La valeur d'une fraction périodique mixte est la même que celle d'une fraction ordinaire ayant pour numérateur la différence des nombres qu'on obtient en transportant la virgule successivement après et avant la première période, et pour dénominateur un nombre formé d'autant de 9 qu'il y a de chiffres périodiques, suivis d'autant de zéros qu'il y a de chiffres non périodiques.*

Soit la fraction périodique mixte

$$0,pq\ abc\ abc\ abc\ \ldots$$

Désignons par L sa limite, nous aurons (**212**)

$$100\,L = pq,\ abc\ abc\ \ldots$$

ou

$$100\,\mathrm{L} = pq + \frac{abc}{999} = \frac{pq \times 999 + abc}{999}$$
$$= \frac{pq000 + abc - pq}{999} = \frac{pqabc - pq}{999};$$

par suite

$$\mathrm{L} = \frac{pqabc - pq}{99900}.$$

C. q. f. d.

Nous ramenons la recherche de L à celle d'une fraction périodique simple et par suite nous démontrons en même temps la réciproque, savoir que cette limite est bien la génératrice de la fraction périodique mixte, car, d'après le théorème précédent, 100 L ou

$$pq + \frac{abc}{999}$$

engendrerait

$$pq,\ abc\ abc\ldots\ldots,$$

par suite L engendrera

$$0,\ pq\ abc\ abc\ldots\ldots$$

219. Corollaire. — Le numérateur de la génératrice

$$\frac{pq\ abc - pq}{99900}$$

ne peut pas être terminé par un zéro, car si on avait $q = c$, la fraction décimale indéfinie serait

$$0{,}pcabcabcab\ldots\ldots$$

et la période serait *cab* et non *abc*; donc le numérateur ne contient jamais en même temps les deux facteurs 2 et 5. Donc, lorsqu'on réduira cette fraction à sa plus simple expression, si quelques facteurs 2 sont supprimés, aucun des facteurs 5 ne le sera, et *vice versâ*. Donc enfin la fraction irréductible finale qui représentera la valeur d'une fraction mixte, renfermera nécessairement à son dénominateur le facteur 2 ou le facteur 5 à un exposant égal au nombre des chiffres non périodiques.

PROPOSITION VI.

220. Théorème. — *Une fraction ordinaire dont le dénominateur ne contient que les facteurs* 2 *ou* 5 *de la base* 10, *donne lieu à une fraction limitée, quand on la réduit en décimales.*

Soit, comme exemple,

$$\frac{7}{200}=\frac{7}{2^3.5^2}.$$

Multiplions les deux termes par un même nombre, tel que les exposants de 2 et 5 deviennent égaux (ici par 5), nous aurons

$$\frac{7}{200}=\frac{7.5}{2^3.5^3}=\frac{7.5}{(2.5)^3}=\frac{7.5}{1000}. \qquad (\mathbf{66}, \text{cor. } 1)$$

La fraction nouvelle aura pour dénominateur l'unité suivie d'un certain nombre de zéros. Ce sera donc une fraction décimale ; et on pourra écrire

$$\frac{7}{200}=0,035.$$

221. Corollaire. — On voit que le nombre des chiffres décimaux est marqué par le plus fort exposant de 2 ou 5, au dénominateur de la fraction.

222. Remarque. — Ce théorème ne suppose pas que la fraction soit irréductible.

PROPOSITION VII.

223. Théorème. — *Une fraction irréductible dont le dénominateur contient des facteurs étrangers à la base 10 donne lieu à une fraction indéfinie et périodique quand on la réduit en décimales.*

Soit, comme exemple, la fraction

$$\frac{7}{12} = \frac{3.2^2}{7}.$$

1° Si la réduction en décimales était limitée et qu'on eût

$$\frac{7}{12} = 0,abcd,$$

on en déduirait

$$\frac{7}{12} = \frac{abcd}{10000},$$

et par suite (**166**)

$$10000 = \text{M}12,$$

ce qui est absurde.

2° L'opération ne se terminant pas, le reste ne sera jamais nul ; mais il est toujours inférieur au diviseur, il sera donc, à chaque division, l'un des nombres

1 2 3 4 5 6 7 8 9 10 11

dans le cas qui nous occupe. Admettons que nous ayons fait onze opérations et obtenu les onze restes différents ci-dessus dans un ordre quelconque, il faudra bien qu'à l'opération suivante nous retombions sur l'un des restes déjà trouvés.

A partir de là les restes et les quotients se reproduiront périodiquement.

Il peut arriver que l'on tombe sur le premier des restes obtenus ; alors la fraction décimale sera périodique simple. Dans le cas contraire la fraction sera périodique mixte.

La fraction $\frac{7}{12}$ donne la fraction périodique mixte

$$\frac{7}{12}=0,5833.....$$

La fraction $\frac{7}{11}$ donne lieu à une fraction périodique simple

$$\frac{7}{11}=0,6363.....$$

PROPOSITION VIII.

224. Théorème. — *Une fraction irréductible dont le dénominateur ne contient aucun des facteurs de la base 10, donne une fraction décimale périodique simple.*

Soit la fraction

$$\frac{11}{21}=\frac{11}{3.7}.$$

1° La fraction décimale équivalente sera illimitée (**223**).

2° Elle sera périodique (**223**).

3° Elle ne peut pas être périodique mixte (**219**). Donc elle est périodique simple. C. q. f. d.

PROPOSITION IX.

225. Théorème. — *Une fraction irréductible dont le dénominateur contient, avec des facteurs de la base 10, quelques facteurs étrangers, donne lieu à une fraction périodique mixte quand on la réduit en décimales, et le nombre des chiffres non périodiques est égal au plus fort exposant de 2 ou 5 dans la décomposition du dénominateur.*

En effet, soit la fraction

$$\frac{7}{12}=\frac{7}{3.2^2}$$

à réduire en décimales.

1° La fraction décimale équivalente sera illimitée (**223**).

2° Elle sera périodique (**223**).

3° Elle ne peut pas être périodique simple (**217**). Donc elle sera périodique mixte.

4° Donc aussi, d'après le corollaire (**219**), le nombre des chiffres non périodiques sera le plus fort exposant de 2 ou 5, dans la décomposition en facteurs du dénominateur ; ce nombre sera 2 dans le cas qui nous occupe.

§ 2. — NOMBRES APPROCHÉS. ERREURS ABSOLUES ET RELATIVES.

DÉFINITIONS.

226. Erreur absolue. — Si dans un nombre décimal défini ou indéfini on s'arrête à un chiffre en laissant tout ce qui le suit à droite, on commet une *erreur absolue* qui est représentée soit par une fraction limitée, soit par une fraction illimitée. Ainsi, par exemple, si nous prenons

$$3,14$$

au lieu de

$$3,14159,$$

nous commettons une erreur

$$e = 0,00159.$$

Si nous prenions 3,14 sur une fraction indéfinie

$$3,1415926535\ldots,$$

nous commettrions une erreur

$$e = 0,0015926535\ldots$$

représentée par une fraction indéfinie.

Nous pourrions ajouter une unité au dernier chiffre conservé et écrire 3,15. Dans le premier cas l'erreur absolue était par *défaut*, dans le second cas elle est par *excès*.

227. Erreur relative. — On nomme erreur relative le rapport qui existe entre l'erreur absolue et le nombre exact; l'erreur relative indique quelle fraction du nombre a été négligée: c'est un nombre abstrait, tandis que l'erreur absolue est un nombre concret indiquant la fraction de l'unité négligée.

Considérons le nombre $3^{m},14$, et remplaçons-le par $3^{m},10$: l'erreur absolue sera $e = 0^{m},04$ ou 4 centimètres; l'erreur relative ε sera

$$\varepsilon = \frac{0^{m},04}{3^{m},14} = \frac{4}{314} = \frac{2}{157};$$

cette fraction indique que l'erreur commise est les $\frac{2}{157}$ du nombre exact.

Désignons par N un nombre, e l'erreur commise quand on le remplace par N', et ε l'erreur relative; nous aurons

$$e = N - N'$$

et

$$\varepsilon = \frac{e}{N}.$$

PROPOSITION X.

228. Théorème. — *Si dans un nombre le premier des chiffres négligés est inférieur à 5, l'erreur par défaut sera inférieure à une demi-unité du dernier ordre conservé. Dans le cas contraire, en forçant d'une unité le dernier chiffre conservé, l'erreur commise par excès sera encore moindre qu'une demi-unité du dernier ordre conservé.*

Soit un nombre quelconque

$$N = 3,1415926535\ldots$$

indéfini ou limité, arrêtons-nous à 9 et prenons

$$N' = 3,14159.$$

L'erreur commise sera $e = N - N'$ et l'on a

$$N - N' < 0,000004999\ldots$$
$$< 0,000005$$

par hypothèse; donc la première partie du théorème est démontrée.

En second lieu, arrêtons-nous à 2 et prenons

$$N'' = 3,141592.$$

L'erreur commise sera moindre qu'*un* millionième, mais plus grande que $\frac{1}{2}$ millionième, puisqu'on aura

$$e = 0,0000006535\ldots$$
$$> 0,0000005000\ldots$$

Donc, si nous prenons

$$N''' = 3,141593,$$

nous aurons augmenté le nombre d'une quantité moindre que $\frac{1}{2}$ unité du dernier ordre conservé.

229. Remarque. — Lorsque l'on fait usage, dans les calculs, de nombres d'expériences, comme, par exemple, de poids, de longueurs, d'angles, de températures, etc., les nombres employés sont tous erronés. On cherche toujours à atténuer les erreurs qu'ils comportent autant que possible à une demi-unité du dernier ordre obtenu, mais souvent l'incertitude est plus grande. En général on apprécie facilement les trois premiers chiffres d'un nombre, plus difficilement le 4e, rarement le 5e et exceptionnellement le 6e.

Il résulte de là qu'on n'a jamais besoin de développer, dans les applications, une grandeur sous la forme d'une fraction décimale indéfinie ; les premiers chiffres décimaux suffisent, puisque l'observation ne pourrait pas atteindre les suivants. Ainsi, une ligne doit valoir $\frac{1}{3}$ de mètre; comme les divisions du mètre sont décimales, il faut réduire cette fraction en décimales pour les applications ; nous obtenons

$$0,333333\ldots$$

Or on ne peut guère mesurer au delà du millimètre sans un instrument particulier de précision ; donc la longueur en question sera prise égale à 0,333, ou au plus à 0,3333.

PROPOSITION XI.

230. Théorème. — *Si l'on connaît les quatre premiers chiffres d'un nombre, l'erreur relative de ce nombre est moindre que $\frac{1}{a.10^3}$, a étant le premier chiffre significatif.*

Désignons par $U_1, U_2, U_3, \ldots$ une unité du rang du premier, du second... chiffre significatif du nombre, par e l'erreur absolue, par ε l'erreur relative, par N le nombre exact.

Par hypothèse

$$e < U_4,$$

donc

$$\varepsilon = \frac{e}{N} < \frac{U_4}{N}.$$

Mais le nombre est supérieur à $a\,000$ unités du 4e rang, puisque N commence par le chiffre a ; donc

$$N > a.10^3.U_4,$$

aussi

$$\varepsilon < \frac{U_4}{a.10^3.U_4};$$

ou plus simplement

$$\varepsilon < \frac{1}{a.10^3}.$$

C. q. f. d.

Par exemple, dans le nombre $\pi = 3,1415926\ldots$ prenons

$$3,141,$$

l'erreur relative sera

$$\varepsilon < \frac{1}{3000};$$

cela veut dire que l'erreur absolue est moindre que $\frac{1}{3000}$ du nombre π.

PROPOSITION XII.

231. Théorème. — *Si l'erreur relative d'un nombre est inférieure à $\frac{1}{a.10^4}$, on peut compter sur les quatre premiers chiffres toujours, et sur les cinq premiers si le premier est au plus égal au chiffre a.*

En effet, dire que

$$\varepsilon < \frac{1}{a.10^4},$$

c'est dire que

$$e < \frac{N}{a.10^4};$$

mais, dans tous les cas, on a

$$N < 10^4.U_4$$

puisque 10^4 est un nombre de cinq chiffres; donc

$$e < \frac{U_4}{a} < U_4;$$

la première partie du théorème est donc démontrée.

Admettons que le premier chiffre du nombre N soit au plus égal à a, on peut dire que

$$N \leqslant a.10^4.U_5;$$

donc alors

$$e < U_5,$$

et l'on peut compter sur les cinq premiers chiffres.

Supposons que dans un nombre tel que

0,054807912...

on sache que l'erreur commise est moindre que $\frac{1}{60000}$, on pourra affirmer que les cinq premiers chiffres significatifs sont bons et l'on prendra pour le nombre

$$0,054867.$$

232. Remarque. — Quand on dit, dans les calculs d'approximation, que les quatre premiers chiffres d'un nombre sont bons, on entend par là que l'erreur absolue est moindre qu'une unité de l'ordre du quatrième chiffre. Il peut arriver parfois que les quatre premiers chiffres conservés ne soient réellement pas les quatre premiers chiffres du nombre réel. Par exemple, soit le nombre

$$0,234987\ldots$$

Prenons les quatre premiers chiffres en forçant le dernier chiffre conservé (**228**), nous aurons

$$0,2350.$$

Les quatre chiffres de ce nombre sont *bons*, car l'erreur commise est moindre qu'une demi-unité du dernier chiffre, et cependant ce ne sont pas les quatre premiers chiffres du nombre réel.

233. Corollaire. — Les deux derniers théorèmes que nous venons de donner montrent la liaison intime qu'il y a entre le nombre des chiffres sûrs et l'erreur relative.

§ 3. — RELATIONS ENTRE LES ERREURS DES DONNÉES D'UN CALCUL ET CELLES DES RÉSULTATS.

PROPOSITION XIII.

234. Théorème. — *L'erreur absolue d'une somme est moindre que la plus grande erreur absolue de l'un des termes, répétée autant de fois qu'il y a de termes dans la somme.*

En effet, désignons par e la valeur maximum de l'erreur de l'un des termes et supposons toutes les erreurs dans le même sens, ce qui n'a pas lieu en général, nous aurons pour erreur totale

$$ne,$$

cette quantité est évidemment une limite supérieure de l'erreur commise dans la somme.

Admettons, par exemple, que l'erreur commise dans chaque terme soit inférieure à $\frac{1}{2}$ 0,001, soit par défaut, soit par excès, l'erreur de la somme de vingt termes serait inférieure à

$$\frac{20}{2}.0,001 = 0,01.$$

PROPOSITION XIV.

235. Théorème. — *L'erreur absolue d'une différence est moindre que le double de l'erreur absolue du terme le plus erroné.*

En effet, supposons que nous nous placions dans le cas le plus défavorable où les deux nombres dont on cherche la différence sont approchés l'un par excès, l'autre par défaut; l'erreur de la différence sera alors la somme des erreurs des termes, donc elle sera moindre que le double de la plus grande.

PROPOSITION XV.

236. Théorème. — *L'erreur relative d'un produit est à peu près égale à la somme des erreurs relatives des facteurs, dans le cas où le sens des erreurs est le même; elle est moindre dans le cas contraire. — Dans tous les cas elle est moindre que l'erreur relative la plus grande, répétée autant de fois qu'il y a de facteurs.*

En effet :

1° Soient deux facteurs A,B que nous remplaçons par $A + \alpha$

et $B+\beta$, l'erreur absolue du produit sera

$$(A+\alpha)(B+\beta)-AB=A\beta+B\alpha+\alpha\beta;$$

elle est à peu près égale à

$$B\alpha+A\beta,$$

puisque $\alpha\beta$ est le produit de deux quantités très-petites. Donc l'erreur relative, qui s'obtient en divisant par AB, sera à peu près

$$\frac{\alpha}{A}+\frac{\beta}{B},$$

c'est-à-dire la somme des erreurs relatives des deux facteurs.

2° Si les facteurs étaient approchés en sens contraires, si, par exemple, A était remplacé par $A+\alpha$ et B par $B-\beta$, l'erreur du produit serait

$$(A+\alpha)(B-\beta)-AB=B\alpha-A\beta-\alpha\beta,$$

ou encore à peu près

$$B\alpha-A\beta,$$

par suite l'erreur relative du produit serait

$$\frac{\alpha}{A}-\frac{\beta}{B},$$

ou la différence des erreurs relatives des facteurs ; donc elle serait moindre que la somme.

3° Le théorème étant vrai pour deux facteurs, s'étend sans peine à un produit d'un plus grand nombre de facteurs ABCD. En effet

Erreur relative de (ABCD) $\leqslant$ err. rel. de (ABC) + err. rel. de D.
$\leqslant$ err. rel. de (AB).
+ err. rel. de (C).
+ err. rel. de (D).
$\leqslant$ err. rel. de (A).
+ err. rel. de (B).
+ err. rel. de (C).
+ err. rel. de (D).

Le théorème est donc complétement démontré.

PROPOSITION XVI.

237. Théorème. — *L'erreur relative d'une puissance est à peu près égale à l'erreur relative du nombre, multipliée par l'indice de la puissance.*

Soit $N = A^5$; on peut regarder A^5 comme le produit de cinq facteurs égaux à A ; donc on rentre dans les données du théorème précédent et l'on peut dire que l'erreur relative de N est à peu près égale à 5 fois l'erreur relative de A.

238. Corollaire. — *L'erreur relative d'une racine est à peu près égale à l'erreur relative du nombre divisé par l'indice de la racine.*

Soit R la racine 5e de N, nous aurons

$$N = R^5;$$

donc l'erreur relative de N vaut à peu près 5 fois l'erreur relative de la racine (**237**) : donc l'erreur relative de la racine est à peu près égale au 5e de l'erreur relative du nombre.

PROPOSITION XVII.

239. Théorème. — *L'erreur relative d'un quotient est au plus à peu près égale à la somme des erreurs relatives des deux facteurs.*

En effet, le dividende étant le produit du diviseur par le quotient, l'erreur relative du dividende est à peu près égale soit à la différence, soit à la somme des erreurs relatives du diviseur et du quotient. Donc l'erreur relative du quotient est à peu près égale soit à la somme, soit à la différence des erreurs relatives du dividende et du diviseur ; donc elle est au plus égale à peu près à la somme des erreurs relatives des deux facteurs de la division.

240. Corollaire. — Si le dividende est seul approché, il est facile de voir que l'erreur relative du quotient est précisément égale à l'erreur relative du dividende.

§ 4. — OPÉRATIONS ABRÉGÉES.

241. But des opérations abrégées. — On a souvent à multiplier ou à diviser des nombres approchés résultant de mesures expérimentales. Si l'on opère d'après les règles que nous avons données au second livre, on obtient des chiffres qui, à raison de l'incertitude des données, sont tout à fait incertains. Ainsi soit à faire l'opération

$$55^{m},242 \times 6^{m},235$$

et supposons que les deux facteurs soient approchés à moins de $0^{m},001$ d'erreur, la multiplication ordinaire donnera pour produit $219^{mq},733870$. Il est certain que ce résultat a au plus quatre chiffres sûrs, et que par suite les cinq derniers chiffres sont douteux.

D'un autre côté, on peut avoir à multiplier ou à diviser des nombres indéfinis comme $\pi = 3,1415926\ldots$ par d'autres nombres limités ou indéfinis eux-mêmes ; de telle façon que le résultat ne comporte pas une erreur égale à une limite donnée.

Il importe donc d'avoir des méthodes de multiplication et de division qui donnent dans le premier cas le résultat demandé avec toute l'approximation que comportent les données, et dans le second les chiffres demandés avec le plus petit nombre possible d'opérations.

C'est le but que l'on peut atteindre avec la multiplication et la division abrégées.

PROPOSITION XVIII.

242. Problème. — *Étant donnés deux nombres décimaux indéfinis, trouver leur produit à moins de 0,001 d'erreur absolue* (multiplication abrégée).

Soit à exécuter le produit

$$321,454545\ldots \times 36,1415926\ldots$$

à moins de 0,001 d'erreur absolue. Nous disposerons l'opération comme il suit :

```
  321,454 545...
....6295 141,63
---------------
   9643,6364
   1928,7273
     32,1455
     12,8582
        3215
        1607
         289
           6
           2
---------------
  11617,8793
```

1° Au-dessous du multiplicande, nous plaçons le multiplicateur *renversé*, de façon que le chiffre 6 des unités soit sous les 0,0001[es], un rang plus loin que l'approximation demandée ; cette disposition n'altérera que l'ordre des produits partiels, le produit restera donc le même. — Cette disposition a cet avantage que le produit de deux chiffres correspondants est toujours de même nature ; ici le produit de deux chiffres correspondants sera un nombre de 10000es.

2° Multiplions le multiplicande par chacun des chiffres du multiplicateur, en négligeant, au multiplicande, tout ce qui est à droite du chiffre considéré au multiplicateur, et en tenant compte des retenues donnés par ces chiffres, de manière que l'erreur de chaque produit partiel soit moindre que $\frac{1}{2}$ unité du dernier ordre conservé (**228**).

3° Tous les produits partiels étant de même nature, on les écrira les uns au-dessous des autres, de manière à faire correspondre les derniers chiffres à droite. D'ailleurs, chacun étant affecté d'une erreur moindre que $\frac{1}{2}$ 1000[e], l'erreur totale sera moindre que $\frac{1}{1000}$ s'il n'y a pas vingt produits partiels, et moindre que $\frac{1}{2}$ millième s'il n'y en a pas dix, comme dans le cas qui nous occupe.

4° On barre le dernier chiffre comme douteux : s'il surpassait 5, on forcerait le dernier chiffre conservé.

243. CoROLLAIRE. — La multiplication abrégée peut servir aussi à résoudre le problème suivant, plus fréquent encore que celui que nous venons de traiter :

Trouver le produit de deux nombres approchés avec autant d'approximation que possible et déterminer cette approximation.

Soit à faire le produit

$$321{,}45 \times 36{,}142.$$

On suppose les deux facteurs connus à moins d'une unité du dernier ordre.

Nous représenterons les chiffres inconnus par des lettres, nous écrirons les facteurs ainsi :

$$321{,}45abc\ldots \qquad 36{,}142pqr\ldots$$

puis nous ferons la multiplication abrégée, en faisant en sorte que les lettres inconnues n'interviennent pas dans le calcul :

```
      321,45abc
  ... qp241,63
  ------------
        96435
        19287
          321
          129
            6
  ------------
       116178
```

Dans ce cas, la place du chiffre 6 des unités est déterminée et ne peut plus être choisie arbitrairement. On voit par le calcul que a et p interviendraient encore par des retenues; mais comme le nombre des produits partiels est faible, on peut affirmer néanmoins que l'erreur finale est moindre qu'une unité. On se borne donc à barrer le dernier chiffre comme douteux. En fait, on voit que ce chiffre est encore bon.

De ce corollaire il résulte qu'on peut se passer du théorème des erreurs relatives (**236**), le mécanisme de la multiplication abrégée dispense de tout raisonnement pour trouver l'erreur du produit et le nombre des chiffres sûrs qu'il présente.

PROPOSITION XIX.

244. Problème. — *Étant donnés deux nombres décimaux indéfinis, trouver leur quotient à moins de* 0,001 *d'erreur absolue. — Division abrégée.*

Soit à diviser 11617,8793... par 321,454545... de façon que l'erreur du quotient soit moindre que 0,001. On dispose l'opération comme il suit :

```
11617,87|93....  | 321,454|545...
 1974 24         |----------------
   45 51         | 36,1416
   13 36         |
      50
      18
```

1° Cherchons le nombre des chiffres du quotient. En multipliant successivement par 10, 100..., nous voyons que le quotient a deux chiffres à la partie entière : il a donc en tout cinq chiffres.

2° Nous séparons $5+1=6$ chiffres au diviseur (*diviseur restreint*) et assez au dividende pour contenir moins de 10 fois le diviseur restreint ; nous avons alors le *dividende restreint.*

3° Nous divisons ces deux nombres l'un par l'autre ; comme nous faisons usage d'au moins deux chiffres du diviseur dans cette division, le chiffre du quotient obtenu est parfaitement exact (voir le théorème suivant). Nous avons 3 pour ce chiffre.

4° Multiplions le diviseur restreint par ce chiffre, en tenant compte des retenues fournies par les chiffres négligés, nous commettons par défaut ou par excès une erreur moindre que $\frac{1}{2}.0,01$. Retranchons ce produit faux du dividende restreint, en erreur lui-même d'une quantité moindre que $\frac{1}{2}.0,01$, nous aurons un dividende nouveau 1974,24, qui sera affecté d'une erreur moindre que *deux* $\frac{1}{2}$. 0,01.

5° Continuons la division en consentant à cette erreur, nous trouvons 6 au quotient, sans commettre une erreur nouvelle. Faisons maintenant le produit partiel en supprimant un chiffre à la droite du diviseur et en tenant compte des retenues qu'il donne ; nous aurons un produit en erreur de moins de $\frac{1}{2}$. 0,001. En le soustrayant du dividende, nous transportons en sens inverse cette erreur au dividende.

6° En continuant ainsi, jusqu'à ce que nous ayons obtenu $5+1$ chiffres au quotient, nous accumulons au dividende autant d'erreurs, toutes moindres que $\frac{1}{2}$. 0,01.

7° Or, si le dividende est altéré, le diviseur restant le même, l'erreur commise au quotient est égale à celle du dividende, divisée par le diviseur ; donc ici l'erreur E du quotient sera donnée par l'inégalité

$$E < \frac{6.\frac{1}{2}.0,01}{300}$$

ou

$$E < 0,0001 < 0,001.$$

Soit a le premier chiffre du diviseur et supposons que le nombre des chiffres à trouver ne dépasse pas 9, on pourra dire que

$$E < \frac{5}{a0000}.$$

Donc l'erreur sera toujours moindre que $\frac{1}{a000}$ et par suite toujours moindre que 0,001. — On peut même dire qu'elle est toujours moindre que $\frac{1}{a}.\frac{1}{2}$. 0,001, et que par suite elle dépasse toujours la limite proposée.

8° La méthode réussirait encore, si le nombre des chiffres

du diviseur ne dépassait pas *vingt*, car on pourrait écrire

$$E < \frac{1}{a.000}.$$

Remarque. — Dans l'exemple que nous avons choisi, l'erreur ne porte pas même sur le quatrième chiffre décimal. — On voit que la simplicité de notre raisonnement consiste à montrer que tout se passe comme si le diviseur restait intact et que le dividende seul fût altéré. — Mais, pour bien apercevoir cette vérité, il faut connaître le théorème (**246**), qui est utile dans la pratique de toute division.

245. Corollaire. — La division abrégée peut servir aussi à résoudre le problème suivant, plus fréquent encore que celui que nous venons de traiter :

Trouver le quotient de deux nombres approchés avec autant d'approximation que possible et déterminer cette approximation.

Soit à diviser 11617 par 321,45, ces nombres étant connus à moins d'une unité du dernier ordre.

Nous représenterons les chiffres inconnus par des lettres; nous écrirons donc ainsi les facteurs donnés :

$$11617,abcd\ldots \qquad 321,45pqr\ldots$$

Nous ferons la division abrégée, en nous arrangeant de manière à ne pas faire intervenir dans les calculs les chiffres inconnus. Voici le tableau des opérations :

11617,|abc	321,4|5pqr...
1973	36,14
44	
12	

Les facteurs se trouvent restreints d'eux-mêmes.

Le résultat est 36,14; le dernier chiffre 4 est acceptable, mais il est douteux cependant; nous le garderions en le barrant.

De ce corollaire il résulte qu'on peut se passer du théorème

(239) des erreurs relatives. Le mécanisme de la division abrégée dispense de tout raisonnement dans la recherche de l'erreur du quotient et du nombre des chiffres sûrs qu'il présente.

PROPOSITION XX.

246. Théorème. — *Si dans une division dont le quotient n'a qu'un chiffre, on réduit le diviseur aux deux premiers chiffres, en remplaçant les suivants par des zéros, l'erreur par excès commise au quotient sera moindre qu'une unité.*

Soit N le dividende et *abcde* le diviseur contenu moins de 10 fois, soit Q le quotient de la division et Q' le quotient par *ab*000. Nous aurons

$$Q' = \frac{N}{ab000} = \frac{N}{abcde} \cdot \frac{abcde}{ab000} = Q\left(1 + \frac{cde}{ab000}\right),$$

donc

$$Q' - Q = Q \cdot \frac{cde}{ab000};$$

mais par hypothèse $Q < 10$, donc

$$Q' - Q < \frac{cde}{ab00} < 1$$

C. q. f. d.

247. Corollaire 1. — D'après ce théorème, on voit qu'en général les deux premiers chiffres du diviseur suffisent pour trouver le chiffre inconnu du quotient. Nous disons *en général*, parce que la démonstration prouve seulement que l'accroissement du quotient est inférieur à 1. Par suite il peut arriver que cet accroissement ajouté à Q altère sa partie entière d'une unité ; il suffirait pour cela, par exemple, que Q étant $7 + \alpha$, α fût très-voisin de 1, de telle sorte qu'un petit accroissement donné à α rendît $Q = 8 + \beta$.

248. Colollaire 2. — Si l'on faisait usage seulement du premier chiffre a, on trouverait

$$Q'-Q<\frac{bcde}{a000}.$$

Si donc $b<a$, on aurait encore

$$Q'-Q<1.$$

Donc, *si le premier chiffre du diviseur surpasse le second, il suffira en général de se servir de ce premier chiffre pour obtenir exactement celui du quotient.*

PROGRAMME DU LIVRE IV

§ 1. *Nombres décimaux indéfinis.* — Définition. — Fraction périodique simple. — Fraction périodique mixte. — Limite d'une suite de 9. — Limite d'une fraction indéfinie quelconque. — Limite d'une fraction périodique simple. — Limite d'une fraction périodique mixte. — Fraction génératrice. — Réduction en décimales d'une fraction ordinaire dont le dénominateur ne renferme que des facteurs de la base. — Fraction irréductible dont le dénominateur ne renferme aucun facteur de la base. — Fraction irréductible dont le dénominateur renferme, avec des facteurs de la base, des facteurs étrangers.

§ 2. *Nombres approchés, erreurs absolues et relatives.* — Erreur absolue. — Erreur relative. — Erreur commise sur un nombre décimal que l'on restreint. — Erreur relative d'un nombre restreint. — Erreur absolue d'un nombre dont l'erreur relative est donnée.

§ 3. *Relations entre les erreurs des données d'un calcul et les erreurs des résultats.* — Erreur d'une somme. — Erreur relative d'une puissance, d'une racine. — Erreur relative d'un quotient.

§ 4. *Opérations abrégées.* — Multiplication abrégée. — Utilité dans la multiplication des nombres approchés. — Division abrégée. — Utilité dans la division des nombres approchés.

EXERCICES.

1. Trouver les dix premiers chiffres du nombre $\frac{1}{\pi}$, sachant que

$$\pi = 3,14159265358979 32.$$

2. Calculer à un millième près le produit

$$\pi \times 37,54832709 \times 637,8324926.$$

3. Calculer à une unité près le rapport du rayon d'un cercle à l'arc de 1″.

4. Calculer à 1 mètre près le rayon de la terre supposée sphérique.

5. On a trouvé que le quart du méridien renferme 5130740 toises : ce nombre a 6 chiffres exacts; on demande en toises le rayon de la terre supposée sphérique avec autant d'approximation que possible.

6. Trouver la valeur de la toise en mètres avec autant d'approximation que possible.

7. Un rectangle a pour dimensions $B = 38,42$, $H = 5,687$; trouver sa surface avec autant d'approximation que possible.

8. La parallaxe du soleil a 8″,56 : quelle est la distance du soleil et l'incertitude qu'elle présente, en admettant que les trois premiers chiffres de la parallaxe soient bons.

LIVRE V

PUISSANCES — RACINES — RACINE CARRÉE RACINE CUBIQUE

DÉFINITIONS.

249. Puissances. — On nomme *carré* d'un nombre, le produit de ce nombre par lui-même ; *cube*, le produit de ce nombre deux fois de suite par lui-même, ou le produit de trois facteurs égaux à ce nombre. En général, on nomme m^e puissance d'un nombre, le produit de m facteurs égaux à ce nombre.

La puissance m^e de a se désigne par a^m ; donc, par définition, on a :

$$a^2 = a.a, \qquad a^3 = a.a.a = a^2.a,$$
$$a^4 = aaaa = a^3.a. = a^2.a^2, \qquad (66)$$
$$\ldots\ldots\ldots\ldots$$

250. Racines. — On nomme *racine carrée* d'un nombre a, celui qui, élevé au carré, reproduit a ; *racine cubique*, celui qui, élevé au cube, reproduit a ; en général, racine m^e celui qui, élevé à la puissance m, reproduit a.

La racine m^e se désigne pas la notation

$$\sqrt[m]{a},$$

la racine carrée par

$$\sqrt{a};$$

l'indice 2 a été supprimé. On a donc, par définition du symbole $\sqrt{\ }$,

$$(\sqrt{a})^2 = a \quad \text{et} \quad (\sqrt[m]{a})^m = a.$$

L'origine de ce signe est évidemment dans la lettre r, dont la forme a été altérée.

§ 1. — THÉORÈMES SUR LES PUISSANCES.

PROPOSITION I.

251. Théorème. — *La puissance m^e d'un produit s'obtient en élevant chaque facteur à la puissance m^e.*

En effet, nous avons

$$(abc)^3 = abc\,(abc)\,(abc)$$

par définition. Appliquons à ce produit le théorème (**66**) de l'interversion des facteurs et ses corollaires, nous aurons successivement

$$\begin{aligned}(abc)^3 &= abcabcabc\\ &= aaabbbccc\\ &= a^3b^3c^3.\end{aligned}$$

C. q. f. d.

252. Corollaire 1. — *Pour élever une puissance à une autre puissance, il suffit de multiplier l'exposant par l'indice de la puissance.*

En effet, d'après le théorème précédent,

$$(a^5)^3 = a^5.a^5.a^5 = a^{5.3};$$

donc, généralement,

$$(a^m)^p = a^{mp}.$$

253. Corollaire 2. — *Si un nombre, puissance m^e, est décomposé en facteurs premiers, tous les exposants des facteurs premiers sont des multiples de m.*

En effet, soit un nombre décomposé en facteurs premiers.

$$N = a^{\alpha} b^{\beta} c^{\gamma}.$$

Élevons le à la m^e puissance, nous aurons, d'après ce qui précède,

$$N^m = a^{\alpha m} b^{\beta m} c^{\gamma m}.$$

C. q. f. d.

Il résulte de là que, si un carré est divisible par un facteur premier, il est divisible par le carré de ce facteur premier ; si un cube est divisible par un facteur premier, il est divisible par le cube de ce facteur premier, etc.

PROPOSITION II.

254. Théorème. — *La puissance m^e d'une fraction s'obtient en élevant les deux termes à la puissance m^e.*

En effet

$$\left(\frac{a}{b}\right)^m = \frac{a}{b} \cdot \frac{a}{b} \cdot \frac{a}{b} \ldots = \frac{a.a.a \ldots}{b.b.b \ldots};$$

donc

$$\left(\frac{a}{b}\right)^m = \frac{a^m}{b^m}.$$

255. Corollaire. — Si la fraction est irréductible, c'est-à-dire si les deux termes sont premiers entre eux, la fraction puissance présentera le même caractère (**164**).

PROPOSITION III.

256. Théorème. — *Le carré de la somme de deux nombres se compose de trois parties : le carré du premier, le double produit du premier par le second, le carré du second.*

En effet, soient deux nombres a et b entiers ou fractionnaires; nous aurons, d'après les règles de la multiplication des polynomes,

$$(a+b)^2=(a+b)(a+b)=a^2+ba+ab+b^2$$

ou bien (**60**)

$$(a+b)^2=a^2+2ab+b^2.$$

C. q. f. d.

257. Corollaire 1. — Si un nombre est composé de dizaines et d'unités, on peut le mettre sous la forme

$$N=10d+u;$$

donc on aura

$$N^2=100d^2+20du+u^2.$$

On voit que le carré des dizaines est un nombre exact de centaines, et le double produit des dizaines par les unités un nombre exact de dizaines. Donc le dernier chiffre d'un carré provient nécessairement du carré du chiffre des unités simples. — De là résulte que le dernier chiffre d'un carré ne peut être aucun des chiffres 2, 3, 7, 8, qui ne terminent aucun des carrés des neuf premiers nombres.

258. Corollaire 2. — *La différence entre les carrés de deux nombres consécutifs est égale au double du plus petit, plus un.* En effet, on a

$$(a+1)^2=a^2+2a+1);$$

donc

$$(a+1)^2-a^2=2a+1.$$

C. q. f. d.

PROPOSITION IV.

259. Théorème. — *Le cube de la somme de deux nombres renferme quatre parties :*

1° *Le cube du premier ;*

2° 3 *fois le carré du premier, multiplié par le second ;*
3° 3 *fois le premier, multiplié par le carré du second ;*
4° *Le cube du second.*

En effet, soient a et b deux nombres entiers ou fractionnaires ; nous aurons d'abord

$$(a+b)^2 = a^2 + 2ab + b^2,$$

par suite

$$\begin{aligned}(a+b)^3 &= (a^2+2ab+b^2)(a+b)\\ &= a^3+2a^2b+ab^2+a^2b+2ab^2+b^3,\end{aligned}$$

ou bien

$$(a+b)^3 = a^3 + 3a^2b + 3ab^2 + b^3.$$

C. q. f. d.

260. Corollaire 1. — Si un nombre est composé de dizaines et d'unités, on peut le mettre sous la forme

$$N = 10d + u;$$

par conséquent

$$N^3 = 1000d^3 + 300d^2u + 30du^2 + u^3,$$

et l'on voit que le cube des dizaines est un nombre exact de mille ; le triple carré des dizaines par les unités, un nombre exact de centaines ; le triple des dizaines par le carré des unités, un nombre exact de dizaines. Donc le dernier chiffre d'un cube vient nécessairement du cube du chiffre des unités.

261. Corollaire. 2. — *La différence des cubes de deux nombres consécutifs est égale au triple carré du plus petit, plus* 3 *fois le plus petit, plus un.*

En effet, on a

$$(a+1)^3 = a^3 + 3a^2 + 3a + 1;$$

donc

$$(a+1)^3 - a^3 = 3a^2 + 3a + 1.$$

C. q. f. d.

§ 2. — PROPRIÉTÉS DES RACINES.

262. Définition. — L'extraction des racines est l'opération inverse de l'élévation aux puissances ; dans l'égalité

$$a^m = b$$

on donne b, m et on demande a. Mais tandis qu'on peut élever un nombre quelconque à une puissance quelconque, on ne peut pas toujours extraire la racine d'un nombre. Cela tient à ce que les puissances de la suite des nombres 1, 2, 3... diffèrent de plus d'une unité, et que peu de nombres sont des puissances m^{es}. Ainsi, dans les 100 premiers nombres, il n'y a que 10 carrés parfaits, et 10 cubes parfaits dans les 1000 premiers nombres, comme on le voit dans le tableau suivant :

Nombres.. .	1	2	3	4	5	6	7	8	9	10
Carrés. . .	1	4	9	16	25	36	49	64	81	100
Cubes.. . .	1	8	27	64	125	216	343	512	729	1000

PROPOSITION V.

263. Théorème. — *Si un nombre entier n'est pas la puissance m^e d'un nombre entier, il n'est pas non plus la puissance m^e d'une fraction.*

Soit, par exemple, 30, qui n'est pas le cube d'un nombre entier. Si ce nombre avait une racine cubique fractionnaire $\frac{a}{b}$, nous aurions

$$\frac{a^3}{b^3} = 30.$$

Mais on peut supposer que $\frac{a}{b}$ soit irréductible, et alors $\frac{a^3}{b^3}$ étant irréductible aussi (**191**), l'égalité ci-dessus est absurde.

264. Corollaire. — *La racine m^e d'un nombre qui n'est* *pas une puissance m^e exacte, n'est pas une fraction décimale périodique.*

En effet, une pareille fraction décimale a pour valeur une fraction ordinaire.

PROPOSITION VI.

265. Théorème. — *Une fraction irréductible, dont les deux termes ne sont pas des puissances m^{es} exactes, n'a pas de racine m^e.*

En effet, soit la fraction

$$\frac{7}{64}$$

dont les deux termes ne sont pas des carrés et qui est irréductible. Si cette fraction avait une racine $\frac{a}{b}$, que nous supposons réduite à sa plus simple expression, nous aurions l'identité

$$\frac{7}{64}=\frac{a^2}{b^2}.$$

Ces deux fractions étant égales et irréductibles, nous aurions :

$$7=a^2, \qquad 64=b^2.$$

Les deux termes seraient des carrés parfaits, ce qui est contraire à l'hypothèse.

266. Corollaire 1. — La racine de $\frac{7}{64}$ ne peut pas être non plus une fraction décimale périodique.

267. Corollaire 2. — D'après ce que nous venons de dire, les nombres peuvent être rangés en deux catégories : 1° ceux qui ont des racines, 2° ceux qui n'ont pas de racines. Donc le symbole $\sqrt{a}$ $\sqrt[3]{a}\dots$ ne représente pas toujours un nombre entier ou fractionnaire, et il n'existe pas d'autres nombres.

Nous appliquerons néanmoins le signe $\sqrt[m]{}$ à un nombre quelconque, mais il faut bien remarquer que

$$\sqrt[m]{a}$$

représentera un nombre seulement dans le cas où a sera une puissance exacte entière ou fractionnaire. Dans le cas contraire ce sera un pur symbole de calcul.

Dans tous les cas, par définition,

$$\left(\sqrt[m]{a}\right)^m = a,$$

et c'est par cette définition que nous introduirons $\sqrt[m]{a}$ dans les calculs, alors même qu'il ne représente ni un nombre entier, ni un nombre fractionnaire.

Ainsi

$$(\sqrt{2})^2 = 2, \quad (\sqrt{3})^2 = 3, \quad (\sqrt{4})^2 = 4,$$
$$\left(\sqrt[3]{2}\right)^3 = 2, \quad \text{etc.}$$

Nous verrons bientôt que ces symboles $\sqrt{2}$, $\sqrt[3]{2}$... peuvent être utilisés pour représenter des grandeurs que l'on ne pourrait représenter ni par des nombres entiers, ni par des nombres fractionnaires.

Ces symboles $\sqrt{2}$, $\sqrt[3]{3}$ etc... ne représentant ni des nombres entiers, ni des nombres fractionnaires, il faut convenir du sens que nous donnerons aux opérations que nous ferons sur eux. Or nous convenons que les *expressions* obtenues par l'application des divers signes d'opérations à ces quantités, seront traitées suivant les mêmes règles que celles que nous suivrions si les racines existaient. Ainsi, par exemple,

$$\sqrt{2} \times \sqrt[3]{5} = \sqrt[3]{5} . \sqrt{2},$$
$$6(\sqrt{2} + \sqrt{5} - \sqrt{3}) = 6\sqrt{2} + 6\sqrt{5} - 6\sqrt{3}, \quad \text{etc.}$$

PROPOSITION VII.

268. Théorème. — *La racine d'un produit est égale au produit des racines des facteurs.*

Raisonnons sur la racine carrée. Soit le produit abc.

1° Si a, b, c sont des carrés parfaits, le théorème est évident, puisqu'on obtient le carré d'un produit en élevant au carré chaque facteur (**251**) ;

2° Si a, b, c ne sont pas des carrés parfaits, nous écrivons encore, d'après la convention générale que nous venons de faire :

$$\sqrt{abc}=\sqrt{a}.\sqrt{b}.\sqrt{c}.$$

269. Corollaire 1. — De là résulte l'identité souvent employée

$$\sqrt[m]{a^m b}=a\sqrt[m]{b}.$$

270. Corollaire 2. — On peut encore en déduire l'égalité suivante

$$\sqrt[m]{a^3}=\sqrt[m]{a}.\sqrt[m]{a}.\sqrt[m]{a}.=\left(\sqrt[m]{a}\right)^3,$$

et généralement

$$\sqrt[m]{a^p}=\left(\sqrt[m]{a}\right)^p,$$

et par suite

$$\sqrt[p]{\sqrt[m]{a^p}}=\sqrt[m]{a}.$$

PROPOSITION VIII.

271. Théorème. — *Pour extraire la racine d'une autre racine, il suffit d'extraire une seule racine marquée par le produit des indices.*

En effet : 1° Si le nombre donné est le cube d'un carré,

on obtiendra la racine 6ᵉ, en extrayant successivement la racine carrée et la racine cubique, puisqu'on élève à la 6ᵉ puissance en élevant successivement au carré et au cube. Donc, dans ce cas, en vertu du théorème (**252**), on a évidemment

$$\sqrt[m]{\sqrt[p]{a}} = \sqrt[mp]{a}.$$

2° Si a est quelconque, on applique *conventionnellement* la même transformation ; puisque les symboles $\sqrt{\ }$ se traitent toujours suivant les mêmes règles, par convention.

272. Corollaire 1. — *On peut multiplier l'indice de la racine et l'exposant du nombre par un même nombre entier.*

En effet

$$\sqrt[pm]{a^p} = \sqrt[m]{\sqrt[p]{a^p}} = \sqrt[m]{a},$$

d'après ce qui précède.

Ce corollaire permet de réduire une série de racines au même indice.

273. Corollaire 2. — Si l'on convient que

$$\sqrt[m]{a^p} = a^{\frac{p}{m}},$$

on crée des exposants *fractionnaires* qui ont un sens, le sens des racines. Il est facile de voir, en vertu des théorèmes précédents, que ces exposants se traitent suivant les mêmes règles que les exposants entiers :

$$1^\circ \quad a^{\frac{p}{m}} . a^{\frac{q}{m}} = \sqrt[m]{a^p} . \sqrt[m]{a^q} = \sqrt[m]{a^{p+q}} = a^{\frac{p+q}{m}};$$

$$2^\circ \quad a^{\frac{p}{m}} . a^{\frac{p'}{m'}} = \sqrt[m]{a^p} . \sqrt[m']{a^{p'}} = \sqrt[mm']{a^{pm'}} . \sqrt[mm']{a^{p'm}} = \sqrt[mm']{a^{pm'+p'm}} = a^{\frac{pm'+p'm}{mm'}} = a^{\frac{p}{m}+\frac{p'}{m'}};$$

$$3^\circ \quad \left(a^{\frac{p}{m}}\right)^{\frac{r}{s}} = \sqrt[s]{\left(\sqrt[m]{a^p}\right)^r} = \sqrt[s]{\sqrt[m]{a^{pr}}} = \sqrt[sm]{a^{pr}} = a^{\frac{pr}{sm}} = a^{\frac{p}{m}\cdot\frac{r}{s}},$$

etc...

Ainsi, au lieu de faire des calculs sur les radicaux, on peut toujours les transformer en exposants fractionnaires et appliquer aux expressions obtenues les règles des exposants entiers.

§ 3. — RACINE DU PLUS GRAND CARRÉ CONTENU DANS UN NOMBRE ENTIER.

274. Définition. — Un nombre entier quelconque étant donné, s'il n'est pas le carré d'un nombre entier, il est nécessairement compris entre les carrés de deux nombres entiers consécutifs. On appelle souvent *racine* d'un nombre entier celle du plus grand carré qui y est contenu; nous allons montrer comment on peut déterminer cette racine. Nous appellerons *reste*, l'excès du nombre sur le plus grand carré qui s'y trouve contenu; nous le désignerons par la lettre ρ.

PROPOSITION IX.

275. Théorème. — *Si la racine d'un nombre peut se décomposer en deux parties, dizaines et unités, la première partie (les dizaines de la racine) s'obtient en extrayant la racine du plus grand carré contenu dans les centaines.*

Soit N le nombre donné; désignons par A les centaines et par B les unités, de telle sorte qu'on ait

$$N = 100A + B.$$

Désignons par a la racine du plus grand carré contenu dans A, de telle sorte que

$$a^2 \leqslant A < (a+1)^2,$$

nous en déduirons

$$100a^2 \leqslant 100A < 100(a+1)^2,$$

ou bien

$$(10a)^2 \leqslant 100A < [10(a+1)]^2.$$

Ajoutons B à la partie intermédiaire, la première inégalité aura lieu *a fortiori* et la seconde aura encore lieu, parce que 100 A et $100(a+1)^2$ diffèrent au moins d'une centaine et que nous ajoutons à 100 A le nombre B qui est inférieur à 100. Donc

$$(10a)^2 \leqslant N < [10(a+1)]^2.$$

On voit donc que le nombre donné contient le carré de a dizaines et ne contient pas le carré de $(a+1)$ dizaines. Donc la racine du plus grand carré contenu dans N renferme exactement a dizaines.

C. q. f. d.

276. Corollaire 1. — On démontrerait de la même manière que, si la racine se décompose en *mille* et *unités*, on obtient exactement les mille en extrayant la racine du plus grand carré contenu dans les *millions* du nombre. — On remarquera que 100 est le carré de 10, que 1000000 est le carré de 1000, etc...

277. Corollaire 2. — La première partie de la racine étant obtenue, on en fait le carré et on retranche ce carré du nombre N; nous désignerons par R le résultat de cette soustraction.

PROPOSITION X.

278. Théorème. — *On obtient une limite supérieure du nombre des unités de la racine en divisant par le double de la première partie le reste* R *qu'on obtient quand on retranche du nombre le carré de la première partie, le quotient de cette division étant réduit à sa partie entière par défaut.*

En effet, désignons par $10\,a$ la première partie de la racine et par b les unités qui forment la seconde partie, on a

$$(10a+b)^2+\rho=N,$$

par suite

$$100a^2+20ab+b^2+\rho=N,$$

par suite

$$20ab = (N - 100a^2) - b^2 - \rho,$$

ou

$$20ab = R - b^2 - \rho.$$

Donc

$$20ab < R,$$

par suite

$$b < \frac{R}{20a};$$

donc b vaut *au plus* la partie entière de ce quotient.

279. Remarque. — Notre raisonnement suppose que b ne soit pas nul. Dans le cas contraire $10\,a$ est la racine du plus grand carré contenu dans le nombre et ρ est l'excès de N sur $100\,a^2$; mais cet excès est inférieur à $20\,a + 1$, car, s'il lui était égal ou supérieur, la racine serait au moins $10\,a + 1$ (**258**); donc

$$20a \leqslant \rho,$$

par suite le quotient de ρ par $20\,a$ a 0 pour partie entière, et la règle du théorème n'est pas en défaut dans ce cas exceptionnel.

280. Corollaire 1. — Si la racine avait été partagée en centaines et unités, de cette manière

$$100a + b,$$

on obtiendrait une limite supérieure du nombre b en divisant par $200\,a$ le reste $N - (100\,a)^2$ et prenant le quotient entier par défaut. — Si la racine était partagée en mille et unités, de cette manière

$$1000a + b,$$

on trouverait une limite supérieure de b en divisant

$N - (1000\,a)^2$ par $2000\,a$ et prenant le quotient entier par défaut. — On démontre ces propositions par un raisonnement entièrement semblable à celui qui précède.

COROLLAIRE 2. — Pour diviser R par $20\,a$ et trouver seulement la partie entière du quotient, il suffit de diviser les dizaines de R par $2\,a$; c'est la règle que l'on donne habituellement.

PROPOSITION XI.

281. Théorème. — *En divisant le reste* R *par* $10\,(2\,a+1)$, *la partie entière du quotient pris par défaut est moindre que* 10 *et représente une limite inférieure de* b.

1° La partie entière de $\frac{R}{10\,(2\,a+1)}$ est moindre que 10.

En effet, on a

$$N < [10(a+1)]^2,$$

ou

$$N < 100(a^2+2a+1);$$

par suite, en retranchant $100a^2$ des deux membres,

$$R < 100(2a+1);$$

donc enfin

$$\frac{R}{10(2a+1)} < 10;$$

la partie entière de ce quotient pris par défaut vaut donc au plus 9.

2° Cette partie entière q est une limite inférieure du nombre b des unités.

En effet, on a

$$\frac{R}{10(2a+1)} > q,$$

donc

$$N - 100a^2 > 20aq + 10q,$$

par suite

$$N > 100a^2 + 20aq + 10q,$$

et puisque 10 surpasse q, on peut écrire

$$N > 100a^2 + 20aq + q^2;$$

ou enfin

$$N > (10a + q)^2,$$

q est donc une limite inférieure de b.

C. q. f. d.

282. Corollaire. — Si la racine était mise sous l'une des formes suivantes :

$$100a + b, \quad 1000a + b, \quad \ldots\ldots$$

on prouverait, par un raisonnement semblable, que les parties entières des quotients pris par défaut

$$\frac{N - (100a)^2}{100(2a+1)}, \quad \frac{N - (1000a)^2}{1000(2a+1)} \ldots\ldots$$

sont inférieures à 100, 1000... et qu'elles représentent des limites inférieures du nombre des unités.

PROPOSITION XII.

283. Théorème. — *Quand on a obtenu plus de la moitié du nombre des chiffres d'une racine, ou simplement la moitié lorsque le premier chiffre est au moins égal à 5, les deux limites diffèrent de moins d'une unité et la limite supérieure représente, à moins d'une unité, la seconde partie de la racine.*

En effet, prenons la différence des deux quotients exacts qui donnent les deux limites, nous aurons

$$\frac{R}{10.2a} - \frac{R}{10(2a+1)} = \frac{R}{10.2a.(2a+1)}$$
$$= \frac{\left[\frac{R}{10(2a+1)}\right]}{2a}.$$

Or, d'après le théorème précédent, le numérateur $\frac{R}{10(2a+1)}$ est inférieur à 10; donc, si

$$2a \geqslant 10 \quad \text{ou} \quad a \geqslant 5,$$

la différence en question vaudra moins d'une unité. Donc la partie entière de la limite supérieure représentera à moins d'une unité, *par excès ou par défaut*, le nombre des unités de la racine.

284. Corollaire 1. — Si la racine était de la forme suivante :

$$1000a + b,$$

on verrait de même que la différence

$$\frac{N-(1000a)^2}{1000.2a} - \frac{N-(1000a)^2}{1000(2a+1)},$$

ou

$$\frac{R}{1000.2a} - \frac{R}{1000(2a+1)},$$

est inférieure à 1 si

$$a \geqslant 500.$$

Donc, si l'on a plus de trois chiffres, ou simplement trois chiffres, le premier valant au moins 5, on trouvera les trois autres chiffres, à moins d'une unité par excès ou par défaut, en divisant le reste par le double de la partie obtenue et prenant la partie entière du quotient par défaut.

285. Corollaire 2. — Désignons par q le quotient de cette division et par r le reste, nous aurons

$$R = 1000.2aq + r,$$

donc

$$N - (1000a)^2 = 1000.2aq + r,$$

par suite

$$N = (1000a + q)^2 + r - q^2.$$

Donc

1° Si $r > q^2$, le quotient q représentera exactement b.

2° Si $r < q^2$, le quotient q sera trop fort et la vraie racine sera $1000a + q - 1$, puisque nous cherchons la racine du plus grand carré contenu dans N.

286. Corollaire 3. — Dans le cas où $r > q^2$, le nombre $r - q^2$ représente l'excès de N sur le plus grand carré qui y est contenu ou ρ.

287. Corollaire 4. — On pourrait aussi poser

$$N - (1000a)^2 = 1000(2a + 1)q' + r',$$

et l'on aurait

$$N = (1000a + q')^2 + 1000q' + r' - q'^2;$$

la dernière partie du second membre

$$1000q' + r' - q'^2 = (1000 - q')q' + r'$$

est toujours positive (**281**), par suite $1000a + q'$ représente toujours la racine par défaut, exacte ou trop faible. Pour voir s'il n'y a pas lieu d'ajouter une unité à la racine, on cherchera si le reste final ne surpasse pas le double de la racine plus un (**258**), c'est-à-dire que si l'on a

$$1000q' + r' - q'^2 > 2000a + 2q' + 1,$$

ou

$$r' > 1000(2a - q') + (q' + 1)^2,$$

le quotient q' devra être augmenté d'une unité pour représenter b. Cette règle est compliquée, et voilà pourquoi on ne se sert que du quotient donné par la limite supérieure.

PROPOSITION XIII.

288. **Problème**. — *Extraire la racine carrée du plus grand carré contenu dans un nombre entier quelconque.*

Soit à extraire la racine du nombre 31415926535897932. Nous disposerons l'opération comme il suit :

```
3.14.15.92.65.35.89.79.32 | 177245385
                          |------------------------------------------
2 14                      | 27 | 347 | 354.24 | 35448.5385
  25 15                   |  7 |   7 |     24 |       5385
     86 92 65             |    |     |   ---- |  ---------
     16 12                |    |     |     96 |      26925
      1 96 65             |    |     |    48  |     43080
      1 90 89 35 89 79 32 |    |     |   ---- |    16155
         13 65 35         |                576|   26925
           3 01 91 8      |                   |  ---------
             18 33 49     |                   |   28998225
                61 09 79 32
                32 09 97 07
```

Voici comment nous raisonnons :

1° Le nombre étant supérieur à 100, sa racine est supérieure à 10 ; elle renferme donc des dizaines. Nous obtiendrons exactement les dizaines de la racine, en extrayant la racine du plus grand carré contenu dans les centaines du nombre, que nous séparons (prop. IX).

2° Nous sommes ainsi ramenés à extraire la racine d'un nombre ayant deux chiffres de moins ; nous recommençons alors le raisonnement précédent. — Le nombre nouveau étant supérieur à 100, sa racine sera supérieure à 10; elle aura donc des dizaines. Pour les avoir exactement, il suffit d'extraire la racine du plus grand carré contenu dans les centaines que nous séparons.

En continuant ainsi, on est conduit à diviser le nombre en tranches de deux chiffres, en allant de droite à gauche, la dernière tranche à gauche pouvant n'avoir qu'un chiffre. Cette dernière tranche est ici 3.

3° Nous extrayons la racine de 3 ; nous trouvons 1. Ce résultat représente les dizaines de la racine du nombre 314.

4° Nous aurons une limite supérieure du nombre des unités en retranchant le carré de 1 dizaine et divisant les dizaines du reste 214 par le double de la racine ou 2. Nous trouvons 9 pour quotient, mais ce résultat serait trop fort ; nous rejetons

8 aussi; 7 est bon. Pour l'essayer et obtenir l'excès de 314 sur le plus grand carré qui y est contenu, ou le *reste final*, nous écrivons 7 à droite et au-dessous de 2, puis nous multiplions.

Nous formons ainsi le double produit des dizaines par les unités, plus le carré des unités; le produit total doit pouvoir se retrancher de 214; c'est ce qui a lieu, et le reste 25 est le reste final de l'opération.

Ce reste ne doit pas dépasser le double de la racine obtenue 17, car s'il était égal au double de 17 plus 1, le nombre 314 serait le carré de 18.

5° La racine obtenue représente les dizaines de la racine de 31415 (prop. IX). Pour avoir les unités de cette racine, on retranche du nombre total le carré de 17 dizaines; cette opération se trouve exécutée par les calcals précédents et il reste 2515; on divise ensuite les dizaines de ce reste par le double de la racine obtenue ou 34.

On obtient 7 pour quotient; on l'écrit à la droite et au-dessous de 34, on fait la multiplication de ces deux nombres et on retranche le produit de 2515. On obtient 86, inférieur au double de la racine obtenue; donc 177 représente bien la racine du plus grand carré contenu dans 31415.

6° Nous connaissons maintenant *trois* chiffres de la racine; nous pouvons donc obtenir les 2 suivants en considérant 177 comme les centaines de la racine du nombre 314159265. Il nous suffit de diviser le reste 869265 par le double de la racine obtenue 35400 ou 8692 par 354. Nous obtenons 24, que nous écrivons au-dessous et à droite de 354.

Pour voir si ce quotient est par défaut ou par excès, nous en faisons le carré, ce qui nous donne 576, et nous voyons si ce carré peut se retrancher du reste 19665 de la division.

Cette soustraction est possible et donne 19089 comme reste final de l'opération (**286**).

Nous plaçons 24 à la racine.

7° Nous connaissons maintenant cinq chiffres de la racine;

nous pouvons donc obtenir les quatre suivants, en considérant 17724 comme les dizaines de mille de la racine totale. Il nous suffit de diviser le reste 1908935897932 par le double de la racine obtenue 354480000, ou 190893589 par 35448. — Nous obtenons 5385, que nous écrivons à droite et au-dessous de 35448.

Pour voir si ce quotient est par défaut ou par excès, nous en faisons le carré, ce qui nous donne 28998225 et nous voyons que ce carré peut se retrancher du reste de la division précédente 61097932.

Le reste de cette soustraction est 32099707. C'est aussi le reste final de l'opération, ou l'excès du nombre sur le carré de 177245385.

289. Remarque. — On voit, par ce raisonnement, qu'à partir des trois premiers et même des deux premiers chiffres de la racine, si le premier est 5 ou plus de 5, on trouve au moins deux chiffres de la racine par une simple division, et l'opération ainsi continuée est plus rapide évidemment que si l'on continuait toujours à regarder la partie obtenue comme un nombre de dizaines d'une racine inconnue.

§ 4. — RACINE CUBIQUE DU PLUS GRAND CUBE CONTENU DANS UN NOMBRE ENTIER.

290. Définition. — Un nombre entier étant donné, s'il n'est pas le cube d'un nombre entier, il est nécessairement compris entre les cubes de deux nombres entiers consécutifs. On appelle souvent *racine cubique* d'un nombre entier, celle du plus grand cube qui y est contenu. Nous allons montrer comment on peut déterminer cette racine cubique. Nous appellerons *reste* final l'excès du nombre sur le plus grand cube qui s'y trouve contenu. Nous le désignerons par la lettre ρ.

PROPOSITION XIV.

291. Théorème. — *Si la racine cubique d'un nombre peut se décomposer en deux parties, dizaines et unités, la première partie (le nombre des dizaines de la racine) s'obtient en extrayant la racine cubique du plus grand cube contenu dans les mille du nombre.*

Soit N le nombre donné, désignons par A les mille et par B les unités, de telle sorte qu'on ait

$$N = 1000A + B.$$

Désignons par a la racine du plus grand cube contenu dans A, de telle sorte que

$$a^3 \leqslant A < (a+1)^3.$$

Nous en déduirons

$$1000a^3 \leqslant 1000A < 1000(a+1)^3,$$

ou bien

$$(10a)^3 \leqslant 1000A < [10(a+1)]^3.$$

Ajoutons B au nombre intermédiaire ; la première inégalité subsistera *a fortiori*, et la seconde subsistera encore, parce que 1000A et $1000\,(a+1)^3$ diffèrent au moins de 1000 et que nous ajoutons au plus petit nombre la quantité B qui est inférieure à 1000. Donc

$$(10a)^3 \leqslant N < [10(a+1)]^3.$$

On voit donc que le nombre contient le cube de a dizaines et ne contient pas le cube de $(a+1)$ dizaines. Donc la racine du plus grand cube contenu dans N renferme exactement a dizaines.

C. q. f. d.

292. Corollaire 1. — Si la racine pouvait se partager en centaines et unités, ou en mille et unités, etc... on raisonnerait d'une manière semblable. Dans le premier cas, on aurait les *centaines* de la racine cubique exactement, en extrayant celle des millions du nombre. Dans le second cas, on aurait exactement les mille de la racine, en extrayant celle du plus grand cube contenu dans les milliards, etc...

293. Corollaire 2. — En retranchant du nombre le cube de la partie obtenue, on obtient un reste que nous désignerons par R.

PROPOSITION XV.

294. Théorème. — *On obtient une limite supérieure du nombre des unités en divisant par le triple carré de la première partie le reste* R *obtenu en retranchant du nombre le cube de la première partie.* — *Le quotient de cette division est pris par défaut.*

En effet, désignons par $10a$ la première partie et par b les unités, nous avons

$$(10a+b)^3+\rho=\mathrm{N},$$

par suite

$$300a^2b+30ab^2+b^3+\quad=\mathrm{N}-1000a^3=\mathrm{R};$$

donc

$$300a^2b=\mathrm{R}-30ab^2-b^3-\rho.$$

De là nous déduisons

$$300a^2b<\mathrm{R},$$

et par conséquent

$$b<\frac{\mathrm{R}}{300a^2}.$$

D'où l'on voit que b vaut *au plus* la partie entière du quotient de cette division.

295. Remarque. — Notre raisonnement suppose que b ne

soit pas nul. Dans ce dernier cas

$$1000a^3 + \rho = N,$$

par suite

$$\rho = N - 1000a^3 = R.$$

Mais observons que ρ ne peut pas dépasser $300\,a^2 + 30\,a$, car, s'il le dépassait d'une unité, on aurait

$$N = 1000a^3 + 300a^2 + 30a + 1 = (10a + 1)^3,$$

et b vaudrait au moins 1 ; donc

$$R \leqslant 300a^2 + 30a,$$

donc

$$\frac{R}{300a^2} \leqslant 1 + \frac{1}{10a}.$$

Ainsi le quotient $\dfrac{R}{300\,a^2}$ aurait 1 à sa partie entière et ce serait bien une limite supérieure du nombre des unités ; donc le théorème n'est pas en défaut.

296. Corollaire 1. — Si la racine était partagée

en centaines et unités,
en mille et unités,
. . . .

on prouverait, par un raisonnement semblable, que l'on obtiendrait une limite supérieure du nombre des unités en divisant, par le triple carré de la racine obtenue, le reste qui serait, dans chacun des cas ci-dessus indiqués :

$$N - 100^3a^3,$$
$$N - 1000^3a^3,$$
. . . . . .

297. Corollaire 2. — Pour diviser R par $300\,a^2$, il suffit de diviser les centaines du reste par $3\,a^2$; c'est la règle que l'on donne habituellement.

PROPOSITION XVI.

298. Théorème. — *En divisant le reste R par* $100\,(3a^2 + 3a + 1)$, *la partie entière du quotient par défaut est moindre que* 10, *et représente une limite inférieure de b.*

1° La partie entière du quotient $\frac{R}{100\,(3\,a^2 + 3a + 1)}$ est moindre que 10.

En effet, on a

$$N < 10^3(a+1)^3$$
$$< 1000a^3 + 3000a^2 + 3000a + 1000;$$

donc

$$R < 1000\,(3a^2 + 3a + 1),$$

par suite

$$\frac{R}{100(3a^2 + 3a + 1)} < 10.$$

2° Cette partie entière est une limite inférieure de b.

En effet on a, en désignant par q cette partie du quotient,

$$\frac{R}{100(3a^2 + 3a + 1)} \geqslant q,$$

donc

$$N - 1000a^3 \geqslant 300a^2q + 300aq + 100q,$$

et puisque $q < 10$, on peut écrire

$$N - 1000a^3 > 300a^2q + 30aq^2 + q^3,$$

par suite

$$N > (10a + q)^3.$$

C. q. f. d.

299. Corollaire. — Si la racine était mise sous l'une des formes

$$100a + b, \qquad 1000a + b, \qquad \text{etc.;}$$

on prouverait, par un raisonnement semblable, que les parties entières des quotients pris par défaut,

$$\frac{N-(100a)^3}{100^2(3a^2+3a+1)}, \quad \frac{N-(1000a)^3}{1000^2(3a^2+3a+1)}, \ldots$$

sont inférieures à 100, 1000... et représentent des limites inférieures du nombre des unités b.

PROPOSITION XVII.

300. Théorème. — *Si l'on a obtenu la moitié ou plus du nombre des chiffres d'une racine cubique, les deux limites diffèrent de moins d'une unité, et la limite supérieure prise par défaut représente à moins d'une unité la seconde partie de la racine.*

En effet, 1° prenons la différence des deux quotients qui donnent les deux limites, nous aurons

$$\frac{R}{10^2.3a^2}-\frac{R}{10^2(3a^2+3a+1)}=\frac{R}{10^2.3a^2(3a^2+3a+1)}$$
$$=\frac{R}{10^2(3a^2+3a+1)}\cdot\frac{3a+1}{3a^2}.$$

Or le premier facteur de cette différence est inférieur à 10; si donc on a

$$\frac{3a^2}{3a+1}>10,$$

la différence des deux limites sera bien inférieure à *un*.

Mais cette inégalité est satisfaite par

$$a>11,$$

donc le théorème est démontré; car si l'on a plus de la moitié des chiffres, c'est que la partie des dizaines surpasse 10.

2° Admettons, en second lieu que la racine soit mise sous la forme

$$1000a+b;$$

nous trouverions, par un calcul semblable, que la différence des deux limites serait dans ce cas

$$\frac{R}{1000^2.3a^2}-\frac{R}{1000^2(3a^2+3a+1)}=\frac{R}{1000^2(3a^2+3a+1)}\cdot\frac{3a+1}{3a^2}.$$

Le premier facteur est inférieur à 1000; si donc on a

$$\frac{3a^2}{3a+1}>1000,$$

la différence des deux limites sera inférieure à *un*. Or cette inégalité est satisfaite si

$$a=1001.$$

Donc, si on a plus de trois chiffres à la première partie a, les deux limites diffèrent de moins d'une unité.

Donc, en prenant la limite supérieure ou la partie entière par défaut du quotient

$$\frac{R}{1000^2.3a^2},$$

on aura b, à moins d'une unité, soit par défaut, soit par excès.

301. Corollaire 1. — Désignons par q le quotient de cette division et par r le reste, nous aurons

$$R=1000^2.3a^2q+r,$$

ou bien

$$N-1000^3a^3=1000^2.3a^2q+r,$$

par suite

$$N=1000^3a^3+1000^2.3a^2q+1000.3aq^2+q^3+r-1000.3aq^2-q^3,$$

ou enfin

$$N=(1000a+q)^3+r-q^2(3000a+q).$$

Donc

1° Si $r>q^2(3000\,a+q)$, le quotient q sera exactement b.

12

2° Si $r < q^2(3000\,a + q)$, le quotient q dépassera b et la vraie racine sera $1000\,a + q - 1$, puisque nous cherchons la racine du plus grand cube contenu dans N.

302. Corollaire 2. — Dans le cas où $r > q^2(3000\,a + q)$, la différence $r - q^2(3000\,a + q)$ représentera ρ, le reste final de l'opération, ou l'excès du nombre sur le plus grand cube qui y est contenu.

303. Scolie. — Nous venons de raisonner dans l'hypothèse où la racine aurait la forme

$$1000a + b.$$

On modifierait facilement le raisonnement pour les autres cas.

PROPOSITION XVIII.

304. Problème. — *Extraire la racine cubique du plus grand cube contenu dans un nombre entier.*

Soit à extraire la racine cubique du nombre suivant :

$$3141592653589.$$

Nous disposerons l'opération comme il suit :

3.141.592.653.589	14645		
2 141	300.....30	500	
597 592	120	240	
29 456 653 589	16	48	
5 877 45			
680 055 589	456	58800.....420	58800
591 207 464	4	2520	5040
		36	108
		61356	639480000.....43800
		6	45
			43845
			45
			219225
			175380
			1973025
			45
			9865125
			7892100
			88786125

1° Le nombre donné étant plus grand que 1000, sa racine cubique sera supérieure à 10. Pour avoir les dizaines de la racine (**291**), il suffit d'extraire la racine du plus grand cube contenu dans les mille du nombre, savoir 3141592653.

2° Ce nombre étant plus grand que mille, sa racine cubique est plus grande que 10. Pour avoir les dizaines de cette racine, il suffit (**291**) d'extraire la racine du plus grand cube contenu dans les mille du nombre, savoir 3141592.

3° En continuant à raisonner de la même manière, nous serons conduits à diviser le nombre en tranches de trois chiffres en allant de droite à gauche et enfin à extraire la racine cubique de la dernière tranche 3, qui peut n'avoir que un ou deux chiffres. Nous trouvons 1 pour racine et 2 pour premier reste ; à sa droite nous abaissons la tranche suivante pour avoir le reste complet R de la théorie.

4° Le chiffre 1 représente les dizaines de la racine du nombre 3141. Pour avoir une limite supérieure du nombre des unités, nous diviserons le reste 2141 par le triple carré des dizaines obtenues, savoir par 300. Nous trouvons 7 ; en divisant par $100(3+3+1)=700$, on obtiendrait 3 pour limite inférieure ; le nombre des unités est donc compris entre 3 et 7 ; essayons 5 par exemple. Pour cela nous formons la somme

300 triple carré des dizaines 1,
+ 150 ou 30.5, triple produit des dizaines 1 par les unités 5,
+ 25 carré des unités 5.

Nous obtenons 475. En multipliant ce nombre par 5 nous aurons un produit représentant : *le produit du triple carré des dizaines par les unités supposées, plus le produit du triple des dizaines par le carré des unités, plus le cube des unités*. Nous aurons donc tout ce que contient 2141, sauf le reste final de l'opération dont le produit devra être inférieur à 2141 et la différence représentera l'excès de 3141 sur le cube de 15. — Or, dans le cas présent, le produit $475.5 = 2375$ est supérieur à 2141, donc 15 est une racine trop forte.

En essayant 4, la soustraction s'effectue et l'on obtient 397 pour reste.

5° Le nombre 14 exprime, d'après la théorie, le nombre des dizaines de la racine de 3.141.192 et 397592 est le reste que l'on obtient en retranchant le cube des dizaines 14, du nombre 3141592.

Pour avoir les unités de cette racine, il faut, d'après les théorèmes qui précèdent, diviser 397592 par le triple carré des dizaines 14. Or ce triple carré vaut

3 fois le carré de 1 dizaine, ou.	1.300
+ 3 fois le double produit de 1 dizaine par 4 unités, ou. .	2.120
+ 3 fois le carré des unités 4, ou.	3. 16

Donc, on formera facilement le diviseur dont on a besoin en multipliant respectivement par 1, 2, 3 les trois nombres qui ont servi dans le calcul précédent.

Nous trouvons ici 588, que nous faisons suivre de deux zéros pour lui donner sa valeur relative. La division de 397592 par 58800 donne 6 pour quotient et l'essai de ce chiffre se fait comme ci-dessus. On trouve 29456 pour reste. La racine obtenue est 146.

6° Les deux chiffres suivants pourront être calculés au moyen d'une simple division du reste total 29456653589 par le triple carré des centaines trouvées 639480000. Le quotient obtenu est 45. On essaye ce quotient comme on l'a dit au cor. 1 de la proposition XVII.

$$43845 = 300a + q.$$

En multipliant ce nombre deux fois de suite par $q = 45$, on forme $q^2(300\,a + q)$. Le résultat 88786125 est inférieur au reste de la division 680053589; donc 45 est le reste de la racine par défaut et 591267464 est le reste final de l'opération, ou l'excès du nombre donné sur le cube de 14645.

§ 5. — RACINE CARRÉE OU CUBIQUE D'UN NOMBRE QUELCONQUE À UNE APPROXIMATION DONNÉE.

305. Définition. — Soit N un nombre quelconque entier ou fractionnaire. On appelle racine carrée du nombre N à moins de $\frac{a}{b}$, le plus grand multiple entier de $\frac{a}{b}$ dont le carré est contenu dans N. De telle sorte que, si l'on désigne par x le nombre entier indiquant ce multiple, on aura

$$\frac{x^2a^2}{b^2} \leqslant N < \frac{(x+1)^2a^2}{b^2},$$

et $\frac{xa}{b}$ sera la racine demandée.

PROPOSITION XIX.

306. Théorème. — *Pour extraire, à moins de* $\frac{a}{b}$, *la racine d'un nombre quelconque* N, *il suffit de faire les quatre opérations successives suivantes :*

1° *Multiplier* N *par le carré de l'approximation renversée* $\left(\frac{b^2}{a^2}\right)$;

2° *Prendre la partie entière de ce produit ;*

3° *Extraire la racine de cette partie entière ;*

4° *Multiplier cette racine par l'approximation* $\left(\frac{a}{b}\right)$.

En effet, si nous désignons par $\frac{xa}{b}$ la racine inconnue (**305**), nous aurons

$$\frac{x^2a^2}{b^2} \leqslant N < \frac{(x+1)^2a^2}{b^2}.$$

Multiplions les trois nombres de cette série par $\frac{b^2}{a^2}$, nous aurons

$$x^2 \leqslant \frac{Nb^2}{a^2} < (x+1)^2.$$

Désignons par E la partie entière du produit $\frac{Nb^2}{a^2}$ et par f la faction complémentaire, s'il y en a une, nous aurons

$$x^2 \leqslant E + f < (x+1)^2.$$

Or x^2 étant un nombre entier contenu dans $E + f$ est nécessairement contenu dans E, donc

$$x^2 \leqslant E < (x+1)^2.$$

D'où l'on voit que le nombre x est la racine du plus grand carré contenu dans E. Une fois x obtenu, la racine demandée sera $\frac{xa}{b}$ et l'on voit que cette racine sera bien le résultat des quatre opérations successives, indiquées dans le théorème.

307. Remarque. — L'une des quatre opérations indiquées sera toute faite, si le produit $\frac{Nb^2}{a^2}$ est un nombre entier. Cette circonstance n'infirme pas le théorème qui est général et résume toutes les méthodes particulières d'approximation.

308. Exemple. — *Extraire la racine de 20 à moins de* $\frac{3}{7}$.

1re *opération* : $20.\frac{49}{9} =$ . . . . $\frac{980}{9}$.

2e *opération* : partie entière du quotient $\frac{980}{9} = 108$.

3e *opération* : racine de $108 =$ . . . . 10.

4e *opération* : $10.\frac{3}{7} = \frac{30}{7} = 4 + \frac{2}{7} =$ racine demandée.

309. Définition. — On appelle racine cubique d'un nombre quelconque à moins de $\frac{a}{b}$, le plus grand multiple entier de $\frac{a}{b}$ dont le cube est contenu dans le nombre donné.

PROPOSITION XX.

310. Théorème. — *Pour extraire à moins de $\frac{a}{b}$ la racine cubique d'un nombre quelconque N, il suffit de faire les quatre opérations successives suivantes :*

1° *Multiplier N par le cube de l'approximation renversée* $\left(\frac{b^3}{a^3}\right)$;

2° *Prendre la partie entière de ce produit ;*

3° *Extraire la racine x du plus grand cube qui y est contenu;*

4° *Multiplier cette racine par l'approximation* $\left(\frac{a}{b}\right)$.

En effet, soit $\frac{xa}{b}$ la racine inconnue de N à moins de $\frac{a}{b}$; nous avons, par définition,

$$\frac{x^3.a^3}{b^3} \leqslant N < \frac{(x+1)^3.a^3}{b^3}.$$

Multiplions les trois nombres de cette série par $\frac{b^3}{a^3}$, nous aurons

$$x^3 \leqslant N\frac{b^3}{a^3} < (x+1)^3.$$

Désignons par E la partie entière du produit $\frac{Nb^3}{a^3}$ et par f la fraction complémentaire, nous aurons

$$x^3 \leqslant E + f < (x+1)^3.$$

Or x^3 étant un nombre entier contenu dans $E+f$ est contenu dans E et par suite

$$x^3 \leqslant E < (x+1)^3.$$

Donc x est la racine cubique du plus grand cube contenu

dans E. Quand on aura x, il suffira de le multiplier par $\frac{a}{b}$ pour avoir la racine cherchée $\frac{xa}{b}$, et l'on voit qu'on arrivera à cette racine après les quatre opérations indiquées dans l'énoncé du théorème.

§ 6. — RACINES INCOMMENSURABLES.

311. Racines indéfinies. — Nous avons démontré (**262**) que la plupart des nombres n'ont aucune racine carrée ou cubique, c'est-à-dire qu'il est impossible de trouver des nombres entiers ou fractionnaires dont les carrés ou les cubes soient égaux aux nombres donnés, et nous avons défini $\sqrt{2}$, $\sqrt[3]{7}$... $\sqrt[m]{a}$ comme de purs symboles de calcul.

Si à de pareils nombres on applique les procédés d'extraction par approximation que nous venons de donner, on peut trouver des nombres fractionnaires successifs, dont les carrés ou les cubes soient aussi près que l'on voudra des nombres donnés.

En particulier, si l'on extrait $\sqrt{2}$ successivement à moins de $\frac{1}{10}$, $\frac{1}{100}$, $\frac{1}{1000}$.... on trouve les fractions décimales

$$1{,}4, \quad 1{,}41, \quad 1{,}414\ldots$$

dont les carrés se rapprochent de plus en plus de 2. Ces fractions décimales sont indéfinies et non périodiques, car si elles se terminaient, 2 aurait une racine fractionnaire et il en serait de même si la fraction racine était périodique (**214**).

En extrayant $\sqrt{2}$ successivement à moins de $\frac{1}{n}$, $\frac{1}{n^2}$, $\frac{1}{n^3}$... on développerait la même racine dans un autre système d'approximations successives.

Nous savons par l'étude des fractions indéfinies que les expressions de la forme

$$N,abcd\ldots$$

ont une *valeur* limite, quel que soit le système de numération. Donc la fraction décimale indéfinie 1,4142... que l'on obtient pour $\sqrt{2}$ en appliquant les théorèmes précédents, tend vers une limite λ, et il est naturel de l'appeler la racine de 2. Mais, pour que cette définition soit acceptable, il faut démontrer que cette limite a une valeur indépendante du mode d'approximations successives adopté.

PROPOSITION XXI.

312. Théorème. — *Quand on extrait la racine d'un nombre par approximations successives, procédant suivant une certaine loi, on obtient des nombres successifs qui tendent vers une limite λ indépendante de la loi suivant laquelle se succèdent les approximations croissantes.*

Pour nous faire une idée précise des valeurs des nombres, nous les représenterons par des lignes, l'unité étant représentée par une ligne arbitrairement choisie.

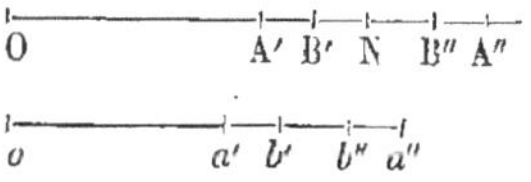

O A' B' N B'' A''

o a' b' b'' a''

Soit N un nombre quelconque non carré parfait, représenté par ON. Nous avons vu que l'on pouvait trouver deux nombres a' et a'' aussi voisins l'un de l'autre qu'on le voudra, dont les carrés A' et A'' comprennent N. — Poussons l'approximation plus loin, nous pourrons trouver deux nombres b' et b'' suffisamment voisins, dont les carrés B' et B'', comprenant N, soient eux-mêmes compris entre A' et A''; ces deux nombres seront nécessairement compris entre a' et a''. En continuant le même raisonnement on voit que les nombres $a'b'c'\ldots$ et $a''b''c''\ldots$ sont tous compris dans un même intervalle fini et que les différences $a''-a'$, $b''-b'$, $c''-c'\ldots$ peuvent être rendues aussi petites qu'on le voudra ; donc les deux séries de nombres

$$a'b'c'\ldots \qquad a''b''c''\ldots$$

ont une limite commune λ.

Je dis en second lieu que cette limite est indépendante de la loi suivant laquelle procèdent ces approximations croissantes. En effet, soit λ' une autre limite que l'on obtiendrait par une loi donnant deux autres séries de nombres

$$\alpha'\beta'\gamma'\ldots \qquad \alpha''\beta''\gamma''\ldots$$

Remarquons d'abord que les carrés des nombres $\alpha'\beta'\gamma'\ldots$ étant tous inférieurs à N, ces nombres sont tous inférieurs à $a''b''c''\ldots$ De même $\alpha''\beta''\gamma''\ldots$ sont supérieurs à $a'b'c'\ldots$

Cela posé, λ étant la limite des nombres $a'b'c'\ldots$, tous inférieurs à $\alpha''\beta''\gamma''\ldots$, vaut tout au plus λ', qui est la limite de ces derniers nombres. Mais λ étant la limite de $a''b''c''\ldots$, tous supérieurs à $\alpha'\beta'\gamma'\ldots$, vaut au moins λ', qui est la limite de ces derniers nombres. Donc

$$\lambda = \lambda'.$$

C. q. f. d.

313. Corollaire 1. — On voit que λ représente la valeur limite d'un nombre dont le carré a pour limite N, dont le symbole $\sqrt{N}$ peut servir à représenter cette valeur limite. On voit ainsi que les symboles que nous avons appelés *racines incommensurables* peuvent servir à représenter des grandeurs λ que les nombres entiers ou fractionnaires ne pourraient pas représenter. Donc en appelant *nombre* tout signe destiné à représenter une grandeur, on peut dire que $\sqrt{2}$, $\sqrt[3]{7}$,... sont des nombres. Nous les appellerons ainsi en ajoutant le mot *incommensurable* pour rappeler leur origine.

314. Corollaire 2. — Désignons par a un nombre dont le carré est contenu dans N et par c la partie *incommensurable* complémentaire de la racine ; $a + c$ sera la racine exacte, entendue comme nous venons de le dire. On peut appeler e l'erreur commise sur la racine, quand on se borne à prendre a pour cette racine.

PROPOSITION XXII.

315. Théorème. — *Dans l'extraction de la racine carrée d'un nombre entier, l'erreur commise est égale au reste divisé par le double de la racine.*

En effet, en désignant par a la racine du plus grand carré contenu dans N et par $a+e$ la racine exacte, nous avons

$$(a+e)^2=\mathrm{N},$$

et puisque le symbole e, quoique incommensurable, se traite d'après les mêmes règles que les nombres entiers ou fractionnaires,

$$a^2+2ae+e^2=\mathrm{N},$$

donc

$$2ae+e^2=\mathrm{N}-a^2=\mathrm{R},$$

donc

$$2ae<\mathrm{R},$$

et par suite

$$e<\frac{\mathrm{R}}{2a}.$$

C. q. f. d.

316. Corollaire. — Pour que cette erreur soit moindre que $\frac{1}{2}$, il suffit que

$$\mathrm{R}\leqslant a,$$

c'est-à-dire que le reste soit moindre que la racine obtenue.

317. Remarque. — Nous trouverions un théorème analogue pour la racine cubique. L'erreur commise est alors moindre que le reste divisé par le triple carré de la racine obtenue.

§ 7. — RACINES DES NOMBRES APPROCHÉS.

PROPOSITION XXIII.

318. Théorème. — *L'erreur relative d'une racine est à peu près égale à l'erreur relative du nombre divisé par l'indice de la racine.*

Raisonnons sur la racine carrée :

Soit A un nombre approché par défaut du nombre N, soit r sa racine exacte, soit $r+\rho$ la racine exacte du nombre $N=A+\alpha$.

Nous aurons l'identité

$$(r+\rho)^2=A+\alpha,$$

ou bien

$$r^2+2r\rho+\rho^2=A+\alpha.$$

Mais, par hypothèse, $r^2=A$, et ρ étant petit, ρ^2 est négligeable. Donc, nous avons l'égalité approximative

$$2r\rho=\alpha.$$

Divisons par $2r^2$ ou 2 A, nous obtiendrons enfin

$$\frac{\rho}{r}=\frac{1}{2}\frac{\alpha}{A}$$

comme égalité approximative. C'est ce qu'il fallait démontrer.

Nous ferions une démonstration semblable pour le cas où A serait une approximation de N par excès et pour le cas d'une racine autre que la racine carrée.

PROPOSITION XXIV.

319. Théorème. — *Dans l'extraction de la racine carrée d'un nombre approché on peut compter sur autant de chiffres exacts qu'il y en a dans le nombre proposé.*

Soit un nombre quelconque approché, par exemple

$$0,03436,$$

et supposons que l'erreur dont ce nombre est entaché soit moindre qu'*une* unité du dernier ordre écrit, nous dirons qu'il a quatre chiffres exacts. Les zéros qui précèdent le premier chiffre significatif ne comptent pas.

Cela posé :

1° Nous pouvons toujours ramener l'extraction de la racine du nombre donné N à celle d'un nombre entier, en multipliant par 100, ou par 10000 ou par 1000000, etc., suivant les cas. Le nombre dont on aura ensuite à extraire la racine aura un nombre de chiffres pair ou impair et dans chacun de ces cas l'erreur sera moindre qu'une unité du dernier chiffre ou moindre que 10 unités du dernier chiffre. Ainsi, pour le nombre 3,1415, on sera ramené à 31415, qui a cinq chiffres exacts, pour le nombre 3,141, on sera ramené à 31410, qui est en erreur de moins de 10 unités du dernier ordre.

2° Représentons le nombre approché par *abcde*, dans le cas où il a cinq chiffres exacts. L'erreur relative du nombre est moindre que

$$\frac{1}{a.10^4},$$

donc celle de la racine est moindre que

$$\frac{1}{2a.10^4}.$$

Or le premier chiffre de la racine est égal à la racine de a, par suite au plus égal à a, donc inférieur à $2a$; donc on peut compter sur cinq chiffres à la racine, autant de chiffres exacts qu'il y en a dans le nombre.

3° Supposons que le nombre donné, après le transport de la virgule, soit

$$abcd0.$$

L'erreur relative dont il est affecté est inférieure à

$$\frac{1}{a.10^3},$$

donc celle de la racine sera inférieure à

$$\frac{1}{2a.10^3}.$$

Or le premier chiffre de la racine est, comme précédemment, inférieur à $2a$; donc on peut compter sur quatre chiffres à la racine, autant de chiffres exacts qu'il y en a dans le nombre.

4° Supposons que le nombre donné soit

$$abcd.$$

L'erreur relative de ce nombre sera inférieure à

$$\frac{1}{a.10^3}.$$

Donc celle de la racine sera inférieure à

$$\frac{1}{2a.10^3}.$$

Or, si a vaut 1, la racine commencera par 3 ou 4 et $2a = 2$. Si a vaut 2, la racine commencera par 4 ou 5 et $2a = 4$. Si a vaut 3, la racine commencera par 5 ou 6 et $2a = 6$. Si a vaut 4 ou plus, la racine commencera par 6 ou plus et $2a = 8$ ou 10, 10...

Donc, en exceptant le cas où la racine commencera par 1 ou 2, le nombre des chiffres sûrs à la racine est égal au nombre des chiffres sûrs dans le nombre, ici 4.

5° Dans le cas où ce nombre donné, après le transport de la virgule, serait

$$abc0,$$

on raisonnerait d'une manière analogue et on arriverait à la même conclusion.

320. Remarque. — Le seul cas où le nombre des chiffres sûrs de la racine est inférieur d'une unité à celui du nombre des chiffres sûrs dans le nombre donné N, est celui où *le nombre des chiffres de la racine est pair et où le premier chiffre est* 1 *ou* 2.

321. Corollaire. — On pourrait établir une théorie analogue pour la racine cubique, la racine 4e, etc..., d'un nombre approché. On verrait que les cas exceptionnels sont de moins en moins nombreux.

PROGRAMME DU LIVRE V

Définition. — Puissance. — Racine.

§ 1. *Théorèmes sur les puissances.* — Puissance d'un produit, d'une puissance, d'une fraction. — Carré d'une somme. — Cube d'une somme.

§ 2. *Propriétés des racines.* — Petit nombre des puissances exactes. — Un nombre entier qui n'est pas une puissance exacte n'a pas de racine fractionnaire — Une fraction puissance exacte a ses termes égaux à des puissances exactes. — Introduction des symboles $\sqrt[m]{\ }$ dans le calcul. — Propriétés de ces symboles.

§ 3. *Racine du plus grand carré contenu dans un nombre entier.* — Définition, racine, reste. — Recherche des dizaines. — Limite supérieure du nombre des unités. — Limite inférieure du nombre des unités. — Différence entre les deux limites. — Méthode abrégée pour l'extraction de la racine carrée. — Exemple.

§ 4. *Racine du plus grand cube contenu dans un nombre entier.* — Définition, racine, reste. — Recherche des dizaines. — Limite supérieure du nombre des unités. — Limite inférieure du nombre des unités. — Différence entre les deux limites. — Méthode abrégée pour l'extraction de la racine cubique. — Exemple.

§ 5. *Racine carrée ou cubique d'un nombre quelconque avec une approximation donnée.* — Racine carrée. — Racine cubique.

§ 6. *Racines incommensurables.* — Racines illimitées. — Limites vers lesquelles elles tendent. — Sens des symboles $\sqrt[m]{}$. — Limite de la différence entre une racine approchée et sa valeur.

§ 7. *Racines des nombres approchés.* — Erreur relative d'une racine. — Nombre des chiffres sûrs dans l'extraction de la racine d'un nombre approché.

LIVRE VI

SYSTÈME MÉTRIQUE
UNITÉS DIVERSES DE MESURE — SOLUTIONS DE QUELQUES PROBLÈMES USUELS

---

§ 1. — SYSTÈME MÉTRIQUE.

322. Principes du système des mesures françaises. — La réforme des mesures anciennes que l'Assemblée constituante décréta en 1790 a eu deux buts :

1° Le choix d'une unité fondamentale pouvant toujours être retrouvée ;

2° La création d'un système de noms servant à désigner d'une manière régulière les diverses unités dérivées d'une unité principale.

L'unité fondamentale choisie est une longueur qu'on nomme *mètre*. Elle est la dix-millionième partie du quart du méridien de Paris. De telle sorte que, par définition du mètre, la distance du pôle à l'équateur, comptée sur le méridien de Paris, est 10.000.000 de mètres. Les diverses unités principales, que nous énumérerons plus loin, dérivent toutes du mètre.

Chaque unité principale reçoit un nom simple particulier. Les unités dérivées sont des multiples ou des sous-multiples décimaux. Les multiples se désignent par les préfixes suivants, tirés du grec :

Déca	qui veut dire	10
Hecto	—	100
Kilo	—	1000
Myria	—	10000

Les sous-multiples sont désignés par les préfixes suivants, tirés du latin:

Déci	qui veut dire	dixième,
Centi	—	centième,
Milli	—	millième.

323. Mesure des longueurs. — Le mètre est l'unité principale dans la mesure des longueurs ; les diverses unités de longueur sont donc celles du tableau suivant :

Myriamètre,
Kilomètre,
Hectomètre,
Décamètre,
Mètre,
Décimètre,
Centimètre,
Millimètre.

Dans les applications on choisit toujours une unité proportionnée aux longueurs à mesurer.

La longueur des routes se mesure en kilomètres. Il faut environ dix minutes pour parcourir un kilomètre, en marchant d'un bon pas.

324. Mesure des surfaces. — Pour mesurer les surfaces, on prend comme unité un carré construit sur une unité de longueur. Il y a donc autant d'unités de surface qu'il y a d'unités de longueur. En voici le tableau :

Myriamètre carré,
Kilomètre carré,
Hectomètre carré,
Décamètre carré,
Mètre carré,
Décimètre carré,
Centimètre carré,
Millimètre carré.

Le mot *carré* placé à la suite d'une unité de longueur indique un carré construit sur cette unité.

325. Théorème. — *Chacun des carrés construits sur une unité de longueur contient cent fois le carré construit sur l'unité de longueur immédiatement inférieure.*

Considérons, par exemple, le mètre carré.

On peut le partager en 10 bandes ayant chacune 1 décimètre de large et 1 mètre ou 10 décimètres de longueur. Chaque bande peut à son tour être partagée en 10 carrés ayant chacun 1 décimètre de côté, ou, ce qui est la même chose, en 10 décimètres carrés; donc le mètre carré contient 10 fois 10 ou 100 décimètres carrés. — C. q. f. d.

D'après ce théorème, le nombre $543^{mq},05423$, dans lequel l'unité principale est le mètre carré, pourrait être énoncé de la manière suivante :

5 décam. carr., 43 mètr. carr., 5 décim. carr.,
42 centim. carr., 30 millim. carr.

326. Mesures agraires. — L'unité principale dans la mesure des surfaces agraires est le *décamètre carré*, auquel on donne le nom plus simple d'*are*. Les diverses unités agraires sont donc les suivantes :

Myriare,
Kilare,
Hectare,
Décare,
Are,
Déciare,
Centiare,
Milliare.

D'après le théorème ci-dessus, il est évident que :

Un hectare = un hectomètre carré,
Un myriare = un kilomètre carré,
Un centiare = un mètre carré.

Ces unités dérivées de l'are sont donc seules des carrés, les autres peuvent être figurées par des rectangles. C'est pour cette raison que les unités

Kilare, Décare, Déciare, Milliare,

ne sont pas usitées.

327. Mesure des volumes. — Pour mesurer les volumes, on prend comme unité un *cube* ayant pour côté une unité de longueur. Il y a donc autant d'unités de volume qu'il y a d'unités de longueur et de surface. En voici le tableau :

Myriamètre cube,
Kilomètre cube,
Hectomètre cube,
Décamètre cube,
Mètre cube,
Décimètre cube,
Centimètre cube,
Millimètre cube.

Le mot *cube* placé à la suite d'une longueur indique un *cube* ayant cette longueur pour arête.

328. Théorème. — *Chacun des cubes construits sur une unité de longueur contient mille fois le cube construit sur l'unité de longueur immédiatement inférieure.*

Considérons pour raisonner le mètre cube.

On peut décomposer le mètre cube en 10 portions ayant la forme d'un plateau carré de 1 décimètre d'épaisseur. Chacun de ces volumes peut à son tour être partagé en 10 bandes ayant 1 mètre de long, 1 décimètre de large et 1 décimètre d'épaisseur. Enfin, chacun de ces volumes, au nombre de 100, peut être partagé en 10 décimètres cubes; donc le mètre cube renferme 100 fois 10 ou 1000 décimètres cubes. — C. q f. d.

D'après ce théorème, le nombre $7842^{mc},027564820$, dont l'unité principale est le mètre cube, peut être énoncé de la manière suivante :

7 décam. cub., 842 mèt. cub., 27 décim. cub.,
564 centim. cub., 820 millim. cub.

329. Mesures de capacité usitées dans le commerce des

grains et des liquides. — L'unité principale en usage dans le commerce des grains et des liquides est le *décimètre cube* auquel on donne le nom simple de *litre*. Les unités métriques qui peuvent être employées sont donc les suivantes :

Myrialitre,
Kilolitre,
Hectolitre,
Décalitre,
Litre,
Décilitre,
Centilitre,
Millilitre.

Les deux premières, myrialitre et kilolitre, représentent des volumes assez considérables dont on se fait difficilement une idée nette ; elles ne sont pas usitées.

D'après le théorème ci-dessus, il est évident que :

Le kilolitre = un mètre cube,
Le millilitre = un centimètre cube.

Les autres unités ne sont pas cubiques, on peut les représenter par des plateaux ou des bandes semblables aux volumes dans lesquels nous avons décomposé le mètre cube.

330. Remarque 1. — Dans la pratique, les unités destinées à la mesure des grains ou des substances sèches sont des cylindres dont le diamètre est égal à la hauteur. Pour les liquides, on se sert de mesures ayant aussi la forme cylindrique, mais la hauteur est double du diamètre.

331. Remarque 2. — On a subdivisé ces unités en d'autres, suivant la loi des facteurs premiers de 10. Chaque unité, en partant de la plus petite, a son double et son quintuple, qui vaut en même temps la moitié de l'unité suivante. Ainsi on trouve des cylindres ayant pour capacités :

1 millilitre,
2 millilitres,
5 millilitres ou $\frac{1}{2}$ centilitre,
1 centilitre,
2 centilitres,
5 centilitres ou $\frac{1}{2}$ décilitre,
1 décilitre, etc.

332. Mesure des bois de chauffage. — L'unité adoptée pour la mesure des bois de chauffage est le *mètre cube*, auquel on donne le nom de *stère*. Le décistère est à peu près la seule unité dérivée dont on fasse usage.

333. Mesure des poids. — L'unité principale dans l'évaluation des poids est le *gramme*. *C'est le poids de 1 centimètre cube d'eau distillée à 4°, température du maximum de densité.*

Les diverses unités employées dans l'évaluation des poids sont donc les suivantes :

Myriagramme,
Kilogramme,
Hectogramme,
Décagramme,
Gramme,
Décigramme,
Centigramme,
Milligramme.

Le kilogramme est le poids de 1000 centimètres cubes d'eau et par suite le poids d'un décimètre cube, d'un litre d'eau. C'est l'unité la plus usitée et on la désigne souvent par le nom simple de kilo.

Le poids de 1000 kil. est celui de 1000 décim. cub. d'eau, ou d'un mètre cube. On le nomme *tonne* ou *tonneau*.

334. Remarque. — Dans la pratique, les poids unités sont en fonte ou en laiton. On les multiplie en suivant la loi des facteurs de 10, de telle sorte que les poids dont on se sert sont les suivants :

1 milligramme,
2 milligrammes,
5 milligrammes ou $\frac{1}{2}$ centigramme,
1 centigramme,
2 centigrammes,
5 centigrammes ou $\frac{1}{2}$ décigramme,
1 décigramme, etc.

335. Théorème. — *Le poids d'un corps s'obtient en mul-*

tipliant son volume par sa densité rapportée à l'eau, pourvu que les unités de poids et de volume se correspondent.

En effet, soit V le volume en litres, P le poids en kilogr. et D le rapport du poids du corps au poids du même volume d'eau. Si le corps était de l'eau, V litres pèseraient V kil., or, par définition de D, on a

$$\frac{P}{V} = D;$$

donc, par définition du quotient ou rapport,

$$P = VD.$$

C. q. f. d.

Il faut bien remarquer que les unités de poids et de volume se correspondent.

336. Monnaies. — L'unité monétaire est le *franc*. C'est une pièce d'argent pesant 5 grammes et au titre de 0,900, c'est-à-dire contenant :

0,9 de son poids ou $4^{gr},5$ d'argent pur,
0,1 de son poids ou $0^{gr},5$ de cuivre.

Les multiples du franc n'ont pas reçu des noms particuliers.

Les sous-multiples se nomment *décime*, *centime*.

La valeur légale de la monnaie d'or est de 15 fois 1/2 celle de la monnaie d'argent sous le même poids.

Deux lois, l'une de 1864, l'autre de 1866, ont réduit à 0,835 au lieu de 0,900 le titre des monnaies d'argent, pour les pièces de 2 fr., 1 fr., 50 cent., 20 cent.

337. Voici le tableau des monnaies françaises effectives :

OR.

Pièces.	Poids.	Titre.	Diamètre.
100 fr.	32,258	0,900	35 millim.
50	16,129	0,900	28
20	6,452	0,900	21
10	3,226	0,900	19
5	1,613	0,900	17

ARGENT.

Pièces.	Poids.	Titre.	Diamètre.
5 fr	25 gr.	0,900	37 millim
2	10	0,835	27
1	5	0,835	23
50 cent.	2,5	0,835	18
20	1	0,835	16

BRONZE.

Pièces.	Poids.	Diamètre.
10 cent.	10 gr.	30 millim.
5	5	25
2	2	20
1	1	15

Ces dernières pièces sont formées d'un alliage contenant en poids :

0,95 de cuivre.
0,04 d'étain.
0,01 de zinc.

338. Nous ne parlerons pas des anciennes unités de mesure. On en trouve la nomenclature dans l'*Annuaire du bureau des longitudes*. Le même ouvrage renferme des tableaux qui permettent de convertir facilement les anciennes mesures en mesures métriques et de résoudre le problème inverse.

§ 2. — RÈGLES DE TROIS.

339. Définitions. — On dit qu'une quantité est *proportionnelle* à une autre, en *raison directe* d'une autre, lorsque le rapport de deux valeurs quelconques de la première est égal au rapport des valeurs correspondantes de la seconde.

On dit qu'une quantité est *inversement proportionnelle* à une autre ou en *raison inverse* d'une autre, lorsque le rapport de deux valeurs quelconques de la première est égal au rapport *inverse* des valeurs correspondantes de la seconde.

Désignons par A et B deux grandeurs proportionnelles ; soient

a et a' deux valeurs de A, et b, b' les valeurs correspondantes de B ; on a donc, par définition,

$$\frac{a}{a'} = \frac{b}{b'} \ldots\ldots \text{ si A est en raison directe de B,}$$

et

$$\frac{a}{a'} = \frac{b'}{b} \ldots\ldots \text{ si A est en raison inverse de B.}$$

On dit qu'une quantité est *proportionnelle à plusieurs autres*, lorsque sa valeur dépend de la valeur de ces autres et qu'elle est en raison directe ou inverse de l'une quelconque, lorsque les autres ne varient pas.

340. Exemples de grandeurs proportionnelles. — Les diverses sciences nous apprennent comment les grandeurs sont liées à celles dont elles dépendent et quelles sont celles qui sont proportionnelles. Ainsi

La densité d'un gaz permanent est proportionnelle à sa pression, quand la température reste constante ;

Le volume est en raison inverse de la pression, quand la température reste constante (loi de Mariotte) ;

L'espace parcouru dans le mouvement uniforme est proportionnel au temps et à la vitesse ;

L'espace parcouru dans le mouvement uniformément varié dans la chute des graves, par exemple, est proportionnel au carré du temps et à l'accélération ;

Etc...

La longueur de la circonférence est proportionnelle au rayon ;

La surface du cercle est proportionnelle au carré du rayon ;

La sécante entière issue d'un point extérieur à un cercle est en raison inverse de la partie extérieure ;

Etc...

Les relations industrielles et commerciales sont basées sur certaines conventions qui établissent la proportionnalité de certaines grandeurs. Ainsi

Le prix d'une étoffe est proportionnel à la longueur ;

Le prix d'un poids de marchandise quelconque est proportionnel à ce poids ;

L'intérêt retiré d'une somme prêtée est proportionnel à cette somme et au temps pendant lequel elle a été prêtée ;

Etc...

341. Règle de trois simple. — On appelle *règle de trois simple* un problème que l'on peut énoncer généralement comme il suit :

Une grandeur A *est en raison directe ou inverse d'une autre* B ; *on connaît la valeur* a *de la première, correspondante à la valeur* b *de la seconde : on demande quelle valeur* a' *prendra la première, quand la seconde variera et deviendra* b'.

Quand une fois on a reconnu que A est en raison directe ou inverse de B, on résout *immédiatement* le problème en posant l'une des deux proportions suivantes, qui exprime cette relation :

1° $\frac{a'}{a}=\frac{b'}{b}$, si A est en raison directe de B,

et

2° $\frac{a'}{a}=\frac{b}{b'}$, si A est en raison inverse de B.

De la première on tire

$$a'=a\cdot\frac{b'}{b},$$

de la seconde,

$$a'=a\cdot\frac{b}{b'}.$$

Donc on peut formuler le théorème suivant :

342. Théorème. — *Si une grandeur est en raison directe ou inverse d'une autre, la nouvelle valeur qu'elle prend est égale à l'ancienne valeur, multipliée par le rapport direct ou* *inverse de la nouvelle valeur à l'ancienne de la seconde grandeur.*

343. REMARQUE. — *Méthode de réduction à l'unité.* — Nous pourrions retrouver le théorème précédent par un mode de raisonnement que les commençants feront bien d'employer et qui porte le nom de *méthode de réduction à l'unité*. Supposons que a, b, b' soient des nombres entiers et que la proportionnalité soit directe,

$$\begin{array}{cc} a & b \\ a' & b' \end{array}$$

Si B passe de b à 1 ou devient b fois plus petit, A deviendra lui-même b fois plus petit ou $\frac{a}{b}$. Si maintenant B passe de 1 à b' ou devient b' fois plus grand, A deviendra aussi b' fois plus grand ou $\frac{ab'}{b}$; donc

$$a' = a.\frac{b'}{b}.$$

C. q. f. t.

344. Règle de trois composée. — On appelle *règle de trois composée* un problème que l'on peut énoncer généralement de la manière suivante :

Une grandeur A *est en raison directe de* B, C, D *et en raison inverse de* P,Q; *on donne un système de valeurs correspondantes de ces grandeurs*

$$\begin{array}{cccccc} (A) & (B) & (C) & (D) & (P) & (Q) \\ a & b & c & d & p & q \\ a' & b' & c' & d' & p' & q' \end{array}$$

a, b, c, d, p, q *et l'on demande la valeur* a' *de* A *quand les diverses quantités dont elle dépend auront pris les valeurs nouvelles* b', c', d', p', q'.

Ce problème se résout immédiatement par une suite de règles de trois simples, en faisant varier successivement une seule des quantités B, C, D, P, Q, *qui sont supposées indépendantes les unes des autres*. On raisonne de la manière suivante :

1° Si B passe de b à b', toutes choses égales d'ailleurs, A deviendra (**341**)

$$a \cdot \frac{b'}{b}.$$

2° Si maintenant C passe de c à c', toutes choses égales d'ailleurs, A deviendra

$$a \cdot \frac{b'}{b} \cdot \frac{c'}{c}.$$

3° Si maintenant D passe de d à d', toutes choses égales d'ailleurs, A deviendra

$$a \cdot \frac{b'}{b} \cdot \frac{c'}{c} \cdot \frac{d'}{d}.$$

4° Si maintenant P passe de p à p', toutes choses égales d'ailleurs, A deviendra (**341**)

$$a \cdot \frac{b'}{b} \cdot \frac{c'}{c} \cdot \frac{d'}{d} \cdot \frac{p}{p'}.$$

5° Si, enfin, Q passe de q à q', toutes choses égales d'ailleurs, A deviendra

$$a \cdot \frac{b'}{b} \cdot \frac{c'}{c} \cdot \frac{d'}{d} \cdot \frac{p}{p'} \cdot \frac{q}{q'}.$$

C. q. f. t.

345. Remarque. — On arriverait à la même formule par la méthode de réduction à l'unité, en réduisant d'abord chaque grandeur B, C... à 1 et remontant ensuite de l'unité à la nouvelle valeur de ces quantités ; nous raisonnerions comme au n° 343.

346. **Exemple**. — Soit à résoudre le problème *fictif* suivant :

480 ouvriers, travaillant 10 heures par jour, ont employé 124 jours à creuser un canal ayant 4500 mètres de long, 8ᵐ,4 de largeur et 3ᵐ,6 de profondeur. Quelle sera la longueur d'un canal ayant 7ᵐ,2 de large, 3 mètres de profondeur, creusé en 90 jours par 250 ouvriers travaillant 12 heures par jour?

Nous disposerons l'énoncé du problème en tableau, comme il suit :

480ᵒ	10ʰ	124ʲ	4500ᵐˡ	8ᵐ,4	3ᵐ,6
250	12	90	x	7,2	3

Nous dirons ensuite : admettons que la longueur du canal soit proportionnelle aux quantités dont elle dépend, elle sera :

En raison directe du nombre des ouvriers,

— — des heures de travail,

— — des jours de travail.

En raison inverse de la largeur,

— de la profondeur.

Donc nous écrivons immédiatement :

$$x = 4500 \cdot \frac{250}{480} \cdot \frac{12}{10} \cdot \frac{90}{124} \cdot \frac{8,4}{7,2} \cdot \frac{3,6}{3},$$

d'où

$$x = 1841^{m},75.$$

347. Remarque. — Avant d'exécuter les calculs indiqués, on devra supprimer tous les facteurs communs au numérateur et au dénominateur de x.

§ 3. — RÈGLES D'INTÉRÊT ET D'ESCOMPTE.

348. Intérêt, capital, taux. — On nomme *intérêt* le bénéfice périodique que donne une somme prêtée. La somme prêtée se nomme *capital*.

On nomme *taux* l'intérêt de 100 francs placés pendant *un* an.

Par *convention*, l'intérêt d'un capital est proportionnel au capital et au temps. Si l'on désigne par

A le capital placé,
I son intérêt,
r l'intérêt d'*un* franc pour un an, que l'on déduit facilement du taux donné,
t le temps évalué en années,

il est facile de trouver la formule qui lie ces quatre quantités.

Si 1 franc rapporte r franc au bout d'un an, le capital A rapportera Ar au bout du même temps et Art au bout de t années. Donc

$$I = Art.$$

Cette formule peut servir à résoudre toutes les questions relatives aux intérêts, car elle fera connaître l'une quelconque des quatre quantités A, r, t, I quand on connaîtra les trois autres.

349. Escompte, en dehors, en dedans. — On nomme *escompte* la retenue faite sur un billet payé avant l'échéance.

L'*escompte en dehors*, ou l'escompte commercial, est égal à l'intérêt du montant du billet pendant le temps qui doit s'écouler jusqu'à l'échéance. Donc, si l'on nomme

A le montant du billet,
r le taux d'escompte pour un billet de 1 franc payable au bout d'un an,
t le temps évalué en années,
e l'escompte en dehors,

on aura

$$e = Art.$$

L'*escompte en dedans* est l'intérêt non pas du billet, mais de la somme reçue. Voici comment on peut calculer cet escompte, que nous désignerons par e'.

1 franc rapporte rt pendant le temps t, donc un billet de $1 + rt$ subirait une retenue de rt; il s'agit de savoir la re-

tenue de A; on a une règle de trois simple à résoudre et l'on trouve

$$e' = \frac{Art}{1+rt}.$$

On peut voir que le calcul de l'escompte en dedans est plus laborieux que celui de l'escompte en dehors; on comprend donc pourquoi il n'est pas usité. On peut démontrer facilement le théorème suivant :

350. Théorème. — *La différence entre les deux escomptes est égale à l'intérêt de l'escompte en dedans.*

En effet,

$$e - e' = Art - \frac{Art}{1+rt},$$

ou, en réduisant,

$$e - e' = \frac{Art \cdot rt}{1+rt} = \frac{Art}{1+rt} \cdot rt,$$

ou enfin

$$e - e' = e'rt.$$

C. q. f. d.

§ 4. — PARTAGES PROPORTIONNELS. — ALLIAGES.

351. Partages proportionnels. — Le problème à résoudre peut se formuler ainsi :

Partager un nombre donné en parties qui sont entre elles comme d'autres nombres donnés.

Soit N le nombre à partager en trois parts qui soient entre elles comme les nombres a, b, c. Désignons par x, y, z les trois parts inconnues. On doit avoir

$$\frac{x}{y} = \frac{a}{b} \quad \text{et} \quad \frac{x}{z} = \frac{a}{c},$$

ou, en changeant l'ordre des moyens,

$$\frac{x}{a}=\frac{y}{b}=\frac{z}{c}.$$

De là on déduit (**100**)

$$\frac{x}{a}=\frac{y}{b}=\frac{z}{c}=\frac{x+y+z}{a+b+c}$$
$$=\frac{\mathrm{N}}{a+b+c},$$

par suite

$$x=\frac{a\mathrm{N}}{a+b+c},\qquad y=\frac{b\mathrm{N}}{a+b+c},\qquad z=\frac{c\mathrm{N}}{a+b+c}.$$

352. Remarque. — Il pourrait arriver que les proportions données fussent telles d'abord, que le nombre correspondant à une même part ne fût pas le même; que l'on eût, par exemple, à remplir les conditions

$$\frac{x}{y}=\frac{\alpha}{\beta},\qquad \frac{x}{z}=\frac{\gamma}{\delta}.$$

Mais il est clair que, sans altérer les rapports, on peut les mettre sous la forme précédente et écrire

$$\frac{x}{y}=\frac{\alpha\gamma}{\beta\gamma},\qquad \frac{x}{z}=\frac{\alpha\gamma}{\alpha\delta},$$

d'où

$$\frac{x}{\alpha\gamma}=\frac{y}{\beta\gamma}=\frac{z}{\alpha\delta}.$$

353. Règles d'alliage. — Le problème à résoudre peut se formuler ainsi :

On connaît les titres de deux alliages ou les prix de deux substances, on demande dans quel rapport il faut les mélanger pour obtenir un titre ou un prix moyen donné.

Désignons par x et y les quantités prises de chacune des substances pour faire le mélange et par a et b les titres de chacun des alliages. On appelle titre le rapport du poids de métal fin, argent ou or, au poids total.

Le mélange pèsera $x+y$ et contiendra $ax+by$ de métal fin, donc le titre moyen sera

$$\frac{ax+by}{x+y}.$$

Ce titre moyen est donné ; désignons-le par c, nous aurons

$$\frac{ax+by}{x+y}=c,$$

ou bien

$$ax+by=cx+cy,$$

par suite

$$(a-c)x=(c-b)y,$$

donc

$$\frac{x}{y}=\frac{c-b}{a-c}.$$

Si le mélange devait contenir trois substances, le problème serait indéterminé, à moins que l'on n'introduisît une nouvelle condition.

Le problème dans lequel on cherche le titre ou le prix d'un mélange, quand on connaît le titre ou le prix des substances mélangées et les quantités que l'on prend de chaque substance pour faire le mélange, ne présente aucune difficulté.

PROGRAMME DU LIVRE VI

§ 1. *Système métrique.* — Unité fondamentale. — Système uniforme de noms pour les unités dérivées d'une unité donnée. — Mesure des longueurs. — Mesure des surfaces. — Relation entre les divers carrés qui servent d'unités. — Mesures agraires. — Mesure des volumes. — Relation entre les divers cubes qui servent d'unités. — Mesures de capacité qui servent dans le commerce des grains, des liquides, etc. — Subdivision des unités principales. — Mesure des bois de chauffage. — Mesure des poids, gramme. — Relation entre le poids d'un corps, son volume et sa densité rapportée à l'eau. — Monnaies.

§ 2. *Règles de trois.* — Grandeurs proportionnelles, en raison directe, en raison inverse. — Exemples divers. — Règle de trois simple. — Règle de trois composée. — Exemple.

§ 3. *Règles d'intérêt et d'escompte.* — Intérêt. — Capital. — Taux. — Formule des règles d'intérêt.

Escompte en dehors. — Formule. — Escompte en dedans. — Formule. Différence des deux escomptes.

§ 4. *Partages proportionnels.* — *Alliages.* — Partage d'un nombre en parties proportionnelles à des nombres donnés. — Cas particulier.

Règle d'alliage. — Trouver dans quel rapport on doit mélanger deux substances pour que le mélange ait une valeur donnée, ou un titre donné.

FIN

TABLE DES MATIÈRES

LIVRE I

NUMÉRATION — ADDITION — SOUSTRACTION

LIVRE II

MULTIPLICATION — DIVISION

LIVRE III

DIVISIBILITÉ — PLUS GRAND COMMUN DIVISEUR — PLUS PETIT MULTIPLE COMMUN NOMBRES PREMIERS

LIVRE IV

NOMBRES DÉCIMAUX INDÉFINIS — NOMBRES APPROCHÉS

LIVRE V

PUISSANCES — RACINES — RACINE CARRÉE — RACINE CUBIQUE

LIVRE VI

SYSTÈME MÉTRIQUE — UNITÉS DIVERSES DE MESURE — SOLUTIONS DE QUELQUES PROBLÈMES USUELS

PARIS. — IMP. SIMON RAÇON ET COMP., RUE D'ERFURTH, 1.

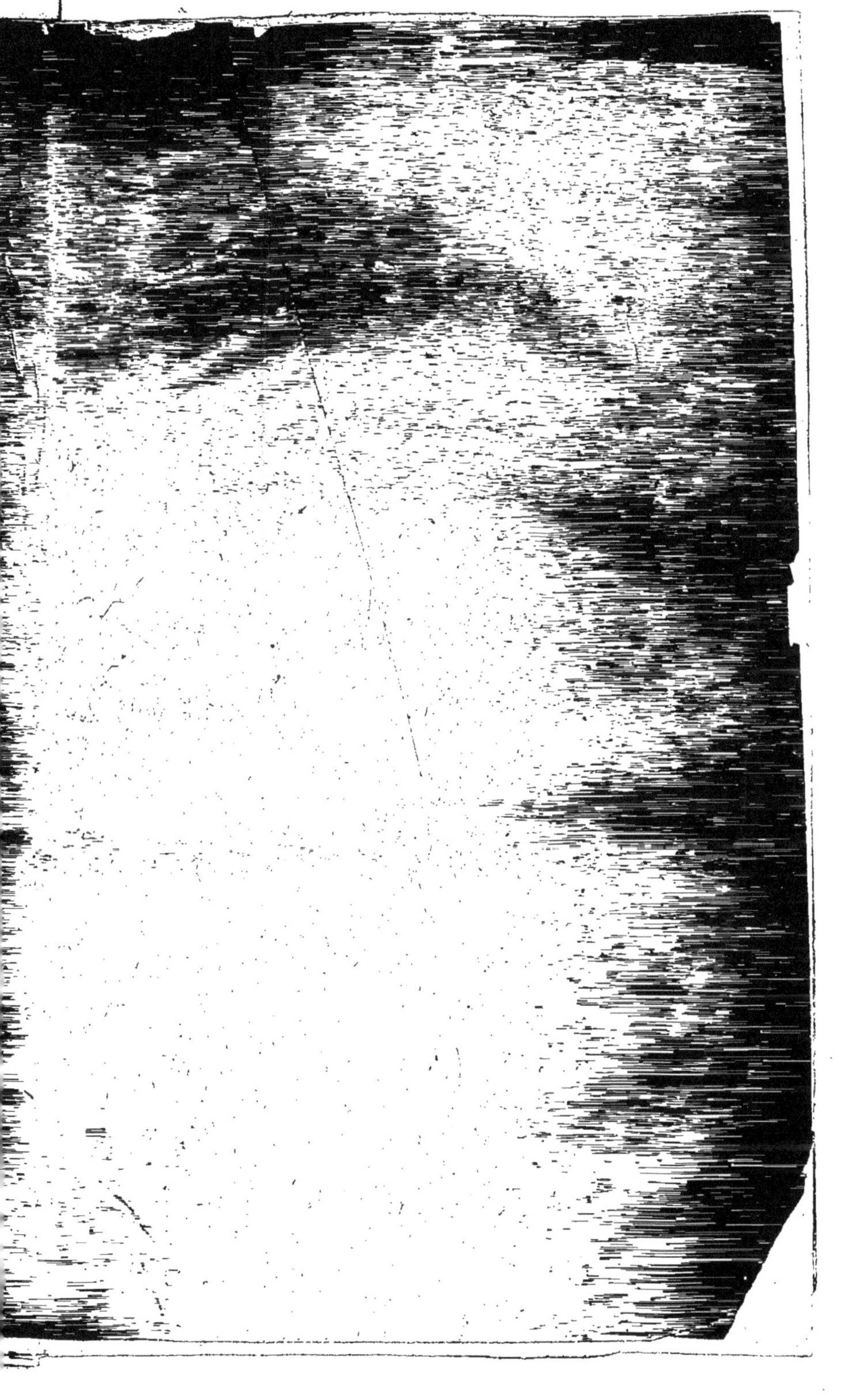

[illegible] édition, 1 vol. in-8, broché [illegible]

[illegible] professeur de [illegible] édition, 1 vol. in-8, broché [illegible]

[illegible] arithmétique et d'algèbre [illegible] relatives au commerce, à la banque, [illegible] établissements de prévoyance, à l'industrie [illegible] professeur à l'École centrale [illegible]

[illegible] des logarithmes, dans lesquelles [illegible] ramenés à de simples additions de nombres [illegible] la géométrie, par M. TARNIER, 1 vol. [illegible]

[illegible] décimales [illegible] édition stéréotype, contenant [illegible] à 100 000, les logarithmes des [illegible] dans la supposition de [illegible] cinq premiers degrés, et de dix en [illegible] les degrés du quart de cercle [illegible] grand in-8, broché [illegible]

[illegible]

www.ingramcontent.com/pod-product-compliance
Ingram Content Group UK Ltd.
Pitfield, Milton Keynes, MK11 3LW, UK
UKHW021130220726
13924UKWH00004B/1991